航海技术系列教材

雷达操作与应用

主编 董 冲 杨森荣

中国海洋大学出版社
·青岛·

图书在版编目(CIP)数据

雷达操作与应用 / 董冲，杨森荣主编. 一青岛:中国海洋大学出版社，2014.5

航海技术系列教材 / 王佐恺，牟峰主编

ISBN 978-7-5670-0612-6

Ⅰ. ①雷…　Ⅱ. ①董…　②杨…　Ⅲ. ①雷达—教材
Ⅳ. ①TN95

中国版本图书馆 CIP 数据核字(2014)第 092460 号

出版发行　中国海洋大学出版社
社　　址　青岛市香港东路 23 号　　**邮政编码**　266071
出 版 人　杨立敏
网　　址　http://www.ouc-press.com
电子信箱　qdqiaocheng@sina.com
订购电话　0532—82032573(传真)
责任编辑　乔　诚　　**电　　话**　0532—85901092
印　　制　日照报业印刷有限公司
版　　次　2014 年 5 月第 1 版
印　　次　2014 年 5 月第 1 次印刷
成品尺寸　185 mm×260 mm
印　　张　9.5
字　　数　219 千
定　　价　19.00 元

航海技术系列教材

编委会

《雷达操作与应用》编委会

前言

本书是根据最新的雷达操作与应用评估规范，结合当前船舶雷达配备特点及船舶驾驶员能力素质要求等编写的一部关于雷达原理、雷达操作、雷达实训和雷达使用的多方位教材。本书强调理论结合实践，通过讲述雷达原理，细致讲解了雷达的具体操作。书后附有理论练习题，以帮助读者加强对知识点的理解。

本书作为学生练习指导用书，内容借鉴了诸多航海专家和船长的宝贵经验，在此一并表示感谢。由于编者能力有限，书中难免存在纰漏，望大家批评指正。

编者

目录

第一章　雷达的基本概念 ……………………………… (1)

第一节　雷达的基本原理 ……………………………… (1)

第二节　雷达技术的发展 ……………………………… (2)

第三节　雷达的基本组成 ……………………………… (5)

第四节　雷达测距测向原理 ……………………………… (5)

第五节　雷达回波识别 ……………………………… (9)

第六节　雷达航标 ……………………………… (15)

第七节　雷达定位 ……………………………… (18)

第八节　雷达导航 ……………………………… (19)

第二章　雷达的基本操作 ……………………………… (22)

第一节　雷达显示基本按钮及显示界面 ……………………………… (22)

第二节　雷达开关机操作步骤 ……………………………… (25)

第三节　雷达一般操作 ……………………………… (27)

第三章　雷达的检查 ……………………………… (60)

第四章　雷达模拟器 ……………………………… (65)

第一节　古野雷达模拟器操作 ……………………………… (65)

第二节　BRIDGE MASTER E 雷达模拟器 ……………………………… (72)

第三节　UNCLEUS 雷达模拟器 ……………………………… (77)

第五章　雷达操作与应用评估大纲及适任评估规范 ……………………………… (81)

第一节　雷达操作与应用评估大纲 ……………………………… (81)

第二节　雷达操作与应用适任评估规范 ……………………………… (82)

第六章　雷达操作与应用练习题 ……………………………… (88)

雷达常用缩略语 ……………………………… (139)

参考文献 ……………………………… (142)

第一章　雷达的基本概念

本章主要介绍雷达的基本概念、发展历程、基本原理和用途。

第一节　雷达的基本原理

一、雷达基本概念

"雷达"译自英文词汇——Radar。

Radar ——Radio Detection and Ranging——无线电探测和测距。

基本定义：雷达是一种通过发射电磁波和接收目标反射回波，对目标进行探测和测定目标信息的设备。

二、雷达测距原理和公式

① 测距原理：超高频无线电波在空间沿直线传播，遇物标能良好反射。

② 测距公式：$R=\frac{1}{2}\cdot c\times\Delta t$。

式中，Δt 为往返于天线与目标的时间；c 为电磁波在空间沿直线传播的速度，$c=3\times10^{2}\ \mathrm{m}/\mu\mathrm{s}$。

如 $\Delta t=1\ \mu\mathrm{s}$，则 $R=150\ \mathrm{m}$；

对应于 1 n mile* 距离，$\Delta t=12.35\ \mu\mathrm{s}$。

荧光屏的单位长度：在不同量程代表不同的距离。

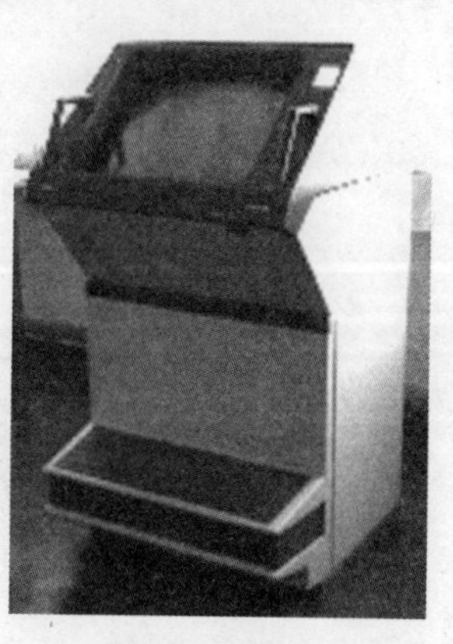

图 1-1　雷达

三、雷达测方位原理

① 利用收发定向天线，只向一个方向发射雷达波且只接收此方向上的目标的反射回波。

② 天线旋转依次向四周发射雷达波，可探知周围物标的方位——天线的方向即目标的方向。

雷达所能发现的目标：

· 船舶

* n mile 为海里符号，1 n mile＝1.852 km。

• 岛屿(陆地)

• 浮标

• 海浪

• 雨雪、云雾

直接测得:

• 相对位置(距离和方位)

经计算得到:

• 真速度

• 真航向

• 最近会遇点 CPA(Closest Point of Approach)

• 最近会遇时间 TCPA(Time to Closest Point of Approach)

雷达的主要用途有三种:

• 尽早发现目标。可以有效地发现 12 n mile 或更远距离内的来船或危险物标,且探测距离和精度受气候影响相对于视觉较小。

• 测量目标参数。可以通过雷达标绘快速精确地计算出两船的最小会遇距离 DCPA、最近会遇时间 TCPA 以及测定他船的航向航速。

• 导航。可以通过海图上的物标确定本船船位,可以通过对他船的雷达标绘得出避让方法。

第二节 雷达技术的发展

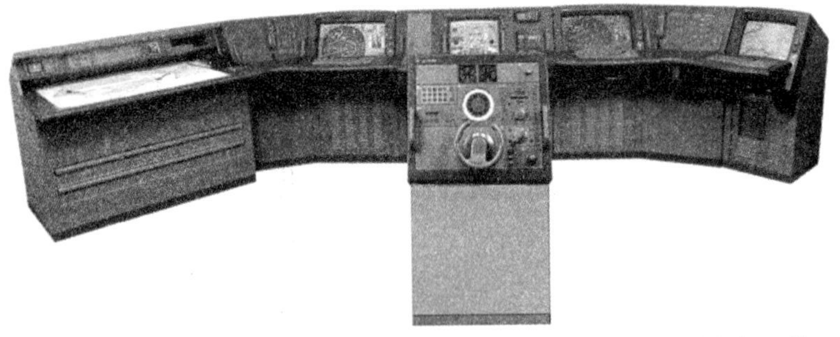

图 1-2 雷达/ARPA,ECDIS,GPS/DGPS 和自动舵构成的自动船桥系统

一、发展简史

雷达的基本概念形成于 20 世纪初。但是直到第二次世界大战前后,雷达才得到迅速发展。早在 20 世纪初,欧洲和美国的一些科学家已知道电磁波被物体反射的现象。1922 年,意大利 G. 马可尼发表了无线电波可能检测物体的论文。美国海军实验室发现用双基地连续波雷达能发觉在其间通过的船只。1925 年,美国开始研制能测距的脉冲调制雷达,并首先用它来测量电离层的高度。20 世纪 30 年代初,欧美一些国家开始研制探测飞机的脉冲调制雷达。1936 年,美国研制出作用距离达 40 km、分辨力为 457 m

的探测飞机的脉冲雷达。1938 年,英国在邻近法国的本土海岸线上布设了一条观测敌方飞机的早期报警雷达链。

第二次世界大战期间,由于作战需要,雷达技术发展极为迅速。就使用的频段而言,战前的器件和技术只能达到几十兆赫。大战初期,德国首先研制成大功率三、四极电子管,把频率提高到 500 MHz 以上。这不仅提高了雷达搜索和引导飞机的精度,而且也提高了高射炮控制雷达的性能,使高炮有更高的命中率。1939 年,英国发明工作在 3 000 MHz的功率磁控管,地面和飞机上装备了采用这种磁控管的微波雷达,使盟军在空中作战和空-海作战方面获得优势。大战后期,美国进一步把磁控管的频率提高到 10 GHz,实现了机载雷达小型化并提高了测量精度。在高炮火控方面,美国研制的精密自动跟踪雷达 SCR-584,使高炮命中率从战争初期的数千发炮弹击中一架飞机,提高到数十发击中一架飞机。

20 世纪 40 年代后期出现了动目标显示技术,这有利于在地杂波和云雨等杂波背景中发现目标。高性能的动目标显示雷达必须发射相干信号,于是研制了功率行波管、速调管、前向波管等器件。50 年代出现了高速喷气式飞机,60 年代又出现了低空突防飞机和中、远程导弹以及军用卫星,促进了雷达性能的迅速提高。60—70 年代,电子计算机、微处理器、微波集成电路和大规模数字集成电路等应用到雷达上,使雷达性能大大提高,同时减小了体积和重量,提高了可靠性。

在雷达新技术方面,20 世纪 50 年代已较广泛地采用了动目标显示、单脉冲测角和跟踪以及脉冲压缩技术等;60 年代出现了相控阵雷达;70 年代固态相控阵雷达和脉冲多普勒雷达问世。

在我国,雷达技术从 20 世纪 50 年代初才开始发展。我国研制的雷达已装备军队。我国已经研制成防空用的二坐标和三坐标警戒引导雷达、地-空导弹制导雷达、远程导弹初始段靶场测量雷达和再入段靶场测量与回收雷达。我国研制的大型雷达还用于观测人造卫星。在民用方面,远洋轮船的导航和防撞雷达、飞机场的航行管制雷达以及气象雷达等均已生产和应用。我国研制成的机载合成孔径雷达已能获得大面积清晰的测绘地图。我国研制的新一代雷达均已采用计算机或微处理器,并应用了中、大规模集成电路的数字式信息处理技术,频率已扩展至毫米波段。

二、雷达发展历程

1842 年多普勒(Christian Andreas Doppler)率先提出了多普勒效应。

1864 年麦克斯韦(James Clerk Maxwell)推导出可计算电磁波特性的公式。

1886 年赫兹(Heinrich Hertz)展开研究无线电波的一系列实验。

1888 年赫兹成功利用仪器产生无线电波。

1897 年汤姆孙(J. J. Thomson)展开对真空管内阴极射线的研究。

1904 年侯斯美尔(Christian Hülsmeyer)发明电动镜(telemobiloscope)——利用无线电波回声探测的装置,可防止海上船舶相撞。

1906 年德弗瑞斯特(Lee de Forest)发明真空三极管——世界上第一种可放大信号的主动电子元件。

1916 年马可尼(Guglielmo Marconi)和富兰克林(Franklin)开始研究短波信号反射。

1917 年沃森瓦特(Robert Watson-Watt)成功设计雷暴定位装置。

1922 年马可尼在美国电气及无线电工程师学会(American Institutes of Electrical and Radio Engineers)发表演说，题目是“可防止船只相撞的平面角雷达”。

1922 年美国泰勒和杨建议在两艘军舰上装备高频发射机和接收机以搜索敌舰。

1924 年英国阿普利顿和巴尼特通过电离层反射无线电波测量赛层(ionosphere)的高度。美国布莱尔和杜夫用脉冲波来测量亥维塞层。

1925 年贝尔德(John L. Baird)发明机动式电视(现代电视的前身)。

1925 年伯烈特(Gregory Breit)与杜武(Merle Antony Tuve)合作，第一次成功使用雷达，把从电离层反射回来的无线电短脉冲显示在阴极射线管上。

1931 年美国海军研究实验室利用拍频原理研制雷达，开始让发射机发射连续波，三年后改用脉冲波。

1935 年法国古顿研制出用磁控管产生 16 cm 波长的撥习窖捌蝠，可以在雾天或黑夜发现其他船只。这是雷达和平利用的开始。

1936 年 1 月英国 W. 瓦特在索夫克海岸架起了英国第一个雷达站。之后，英国空军又增设了 5 个，它们在第二次世界大战中发挥了重要作用。

1937 年马可尼公司替英国加建 20 个链向雷达站。

1937 年美国第一个军舰雷达 XAF 试验成功。

1937 年瓦里安兄弟(Russell and Sigurd Varian)研制成高功率微波振荡器，又称速调管(klystron)。

1939 年布特(Henry Boot)与兰特尔(John T. Randall)发明电子管，又称共振穴磁控管(resonant-cavity magnetron)。

1941 年苏联最早在飞机上装备预警雷达。

1943 年美国麻省理工学院研制出机载雷达平面位置指示器，可将运动中的飞机拍摄下来，并发明了可同时分辨几十个目标的微波预警雷达。

1944 年马可尼公司成功设计、开发并生产“布袋式”(Bagful)系统，以及“地毯式”(Carpet)雷达干扰系统。前者用来截取德国的无线电通讯，而后者则用来装备英国皇家空军(RAF)的轰炸机队。

1945 年第二次世界大战结束后，全凭装有特别设计的真空管——磁控管的雷达，盟军得以打败德国。

1947 年美国贝尔电话实验室研制出线性调频脉冲雷达。

20 世纪 50 年代中期美国装备了超距预警雷达系统，可以探寻超音速飞机。不久又研制出脉冲多普勒雷达。

1959 年美国通用电器公司研制出弹道导弹预警雷达系统，可发跟踪 3 000 mi* 外，

---

* mi 为英里符号，1 mi＝1.609 344 km。

600 mi 高的导弹，预警时间为 20 min。

1964 年美国装置了第一个空间轨道监视雷达，用于监视人造地球卫星或空间飞行器。

1971 年加拿大伊朱卡等 3 人发明全息矩阵雷达。与此同时，数字雷达技术在美国出现。

1993 年德雷尔·麦吉尔在美国曼彻斯特市发明了多塔查克超智能雷达。

第三节 雷达的基本组成

一部船用雷达主要由以下 7 部分组成。

① 定时器(触发电路、同步电路等)。

② 发射机：在触发脉冲控制下产生周期性的大功率射频脉冲。

③ 收发开关：发射时，关闭接收机入口，大功率射频脉冲送天线。

接收时，关闭发射机通路，微弱回波能量送接收机。

④ 天线：定向收发天线，将发射机送来的射频脉冲聚成细束集中向一个方向发射，并接收此方向物标反射回来的雷达波(回波)送接收机。

⑤ 接收机：超外差式，将微弱回波信号放大千万倍以符合显示器要求。

⑥ 显示器：平面位置显示器(PPI)。计时及计算，将目标回波按目标的实际距离和方位显示在荧光屏上，且配有测量系统供随时测量。

⑦ 雷达电源：把船电变成雷达所需的中频交流电 400～2 000 Hz。

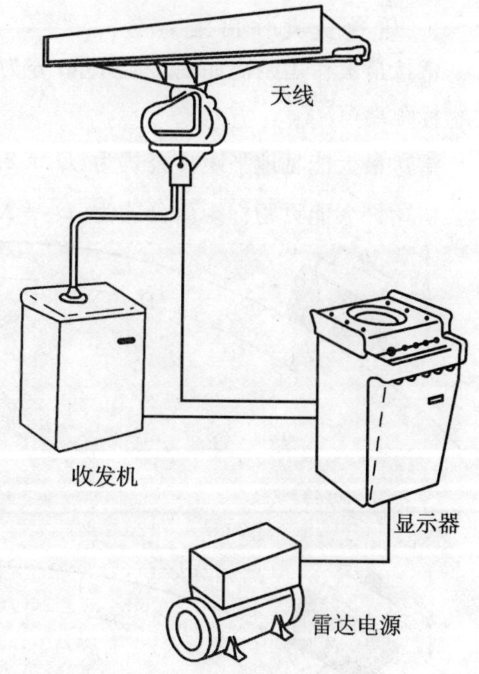

图 1-3 雷达的组成

第四节 雷达测距测向原理

一、雷达测距原理

雷达收发机的发射部分产生电磁波脉冲，由天线向外发射。电磁波在空气中沿发射方向直线匀速传播，其传播速度为 3×10^{8} m/s。当电磁波在传播中遇到与空气不同的物体(如船舶、海岛、海岸、高山等)时，电磁波就会被这些物体反射回来，被雷达天线所接收。若设雷达发射的电磁波脉冲从发射到被物体反射回来，被天线接收的传播时间为 Δt，则雷达到反射物体的直线距离为：

$$D=\frac{1}{2}c\times\Delta t(c\text{ 为电磁波的传播速度})$$

雷达安装在船上，在雷达显示器荧光屏上，扫描中心代表雷达所在的船舶，反射物体显示在荧光屏上，根据显示器距离标志就可以测量出反射物体到船舶的距离。

二、雷达测向原理

雷达通过天线的不停旋转，瞬间定向发射与接收电磁波脉冲，所以电磁波脉冲回波的方向就是反射物体的方向。在雷达显示器上有表示方向的方位圈(固定方位圈或罗经方位圈)，荧光屏上反射物体回波所对应的方位圈刻度就是该物标的方位。

三、雷达的性能及局限性

1. 雷达最大作用距离

雷达最大作用距离如图 1-4 所示，分为雷达最大能见地平距离(D_1)和雷达最大能见物标距离(D_2)。

雷达最大能见地平距离公式为：$D_1=2.23\sqrt{h}$；

雷达最大能见物标距离公式为：$D_2=2.23(\sqrt{h}+\sqrt{H})$。

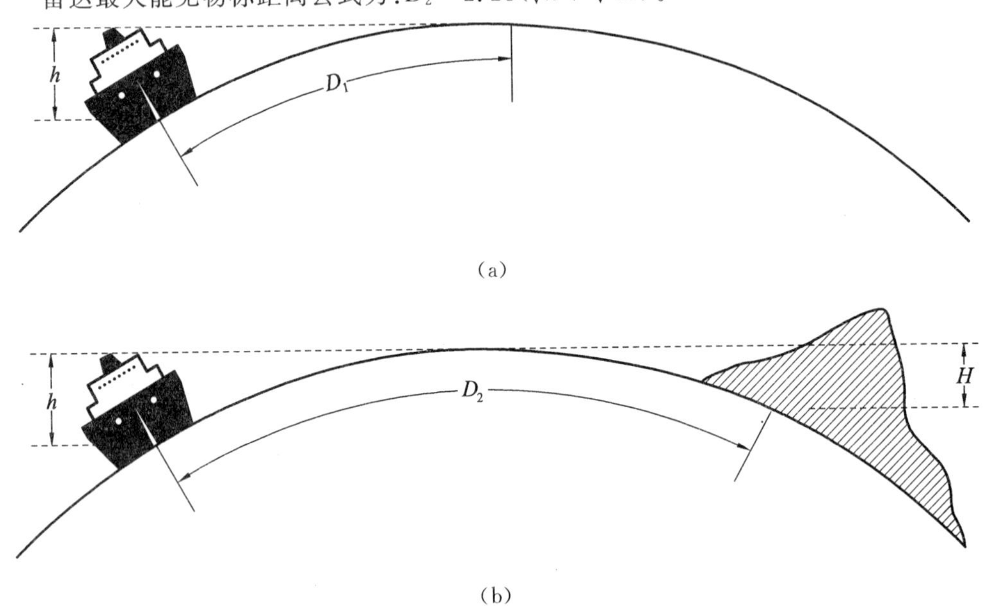

图 1-4　雷达最大作用距离

公式中 h 为雷达天线距海平面高度(单位：m)，H 为物标高度(单位：m)。雷达荧光屏上物标回波清晰可见的最远距离，反映出雷达探测远距离物标的能力。它除了与雷达天线高度和物标高度有关外，还与下列因素有关。

① 雷达发射功率(P_T)：发射功率越大，最大作用距离越大。

② 物标有效反射面积(σ_o)：金属比木材反射性能好，圆柱体比其他形状的物标反射

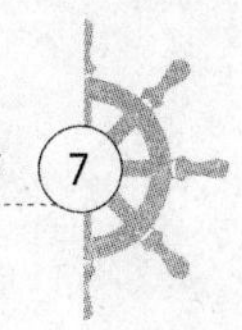

性能好，前沿陡峭的物标反射性能好。

③ 天线增益与工作波长(λ)：10 cm 波长雷达的最大作用距离比 3 cm 波长雷达稍大。

④ 脉冲重复频率(F)：脉冲重复频率越高，最大作用距离越小。

⑤ 天线转速与脉冲宽度(τ)：脉冲宽度越宽，天线转速越慢，最大作用距离越大。

另外，雷达能见距离还与物标反射能力、大气传播衰减、外界杂波干扰、船舶摇摆等因素有关。IMO 规定，若 $h=15$ m，岸线高 60 m，可见距离 20 n mile；5 000 t 的船舶，可见距离 7 n mile；10 m 长的小船，可见距离 3 n mile；10 m^2 的导航浮筒，可见距离2 n mile。

2. 雷达最小作用距离

雷达最小作用距离公式为：

$$D_{\min}=\frac{1}{2}c(\tau+\tau')(\tau'\text{为雷达收发开关的恢复时间})$$

雷达最小作用距离与下列因素有关。

① 脉冲宽度(τ)；

② 收发开关恢复时间(τ')；

③ 物标的高度(H)；

④ 物标反射强度；

⑤ 雷达电磁波的垂直覆盖区；

⑥ 垂直波束宽度(θ_V)($\theta_V=15°\sim30°$)。

雷达的最小作用距离是指能在荧光屏上显示的物标最近距离，反映出雷达探测物标最近距离的能力。

雷达盲区(blind)是雷达探测不到物标的最小距离范围。在理论上，雷达盲区的半径如图 1-5 所示，可由下式表示：

$$r=h\cot\frac{\varphi}{2}$$

式中，h 为雷达天线高度；φ 为雷达波束垂直面照射角度。

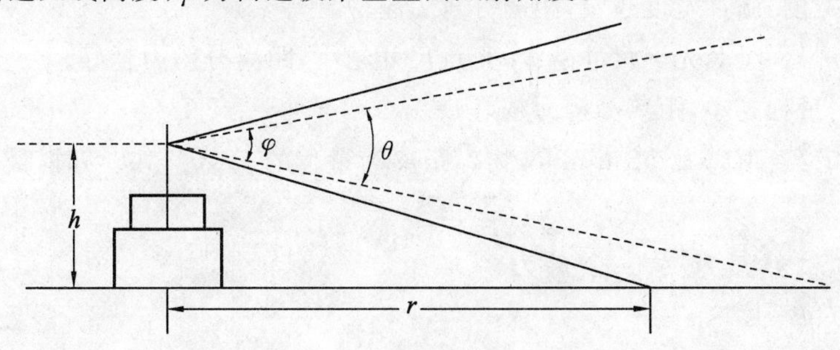

图 1-5 雷达最小作用距离

雷达盲区的大小是实际测量出来的，且应记入航海日志，供以后查看。测量盲区时，可令小艇由船首驶离测定船，开始时雷达荧光屏上没有小艇的回波，当小艇驶离一定距离，其回波刚刚在雷达荧光屏上出现时，小艇回波的距离就是盲区半径。也可以令小艇由远处驶向测定船，当小艇在雷达荧光屏上的回波刚刚消失时的距离就是盲区半径。

IMO 规定雷达最小作用距离(D_{min})，当天线高度 $h=15$ m 时，5 000 t 的船舶、10 m 长的小船、10 m^2 的浮筒应在 50 m 至 1 n mile 内清楚地显示。

与雷达盲区有关的另一个性能参数是阴影扇形(shadow sector)。雷达天线发射的电磁波，被船舶自身的高大物体遮挡而不能到达反射物体，所以在雷达荧光屏上形成没有物标回波的一片区域，分为盲区和阴影扇形区。阴影扇形区的大小与雷达天线高度，天线与遮挡物的距离以及遮挡物的大小、形状、相对高度等有关。

3. 测距精度及距离分辨力

(1) 测距精度

雷达测距离的精度与下列因素有关：

① 距离分辨力；

② 扫描线起始时间与发射脉冲时间同步；

③ 固定距标与活动距标的精度(1%,2%)；

④ 扫描锯齿波的非线性；

⑤ 荧光屏扫描中心直径大小；

⑥ 物标回波光点的尺寸大小(回波在各个方向均增加了 1/2 光点直径)。

此外，测距精度还与天线高度、电磁波的传播速度、荧光屏曲率、物标闪烁、杂波干扰和测者技术等有关。

IMO 规定：固定距标与活动距标测距误差，不能超过量程的 1.5%或 70 m。

(2) 距离分辨力

雷达显示器上区分同一方位上两个相邻物标的能力，称为雷达的距离分辨力(range discrimination)。距离越小，距离分辨力越好，雷达性能越好。雷达距离分辨力与下列因素有关：

① 脉冲宽度：脉冲宽度越窄，距离分辨力越好。

② 荧光屏尺寸：荧光屏尺寸越大，光点尺寸越小，距离分辨力越好。

③ 量程：量程越小，距离分辨力越好。

IMO 规定：当距离 $D\leqslant 2$ n mile，物标距离为量程的 50%～100%时，最小距离不大于 50 m。

4. 测方位精度及方位分辨力

(1) 测方位精度

雷达测方位的精度与下列因素有关：

① 方位分辨力。

② 荧光屏扫描中心直径大小。

③ 天线与扫描的方位同步误差。

④ 显示器的罗经复示器误差。

⑤ 艏线标志的宽度与精度：IMO 规定误差为±1°，宽度 0°.5。

⑥ 扫描起点与荧光屏几何尺寸中心是否一致。

⑦ 方位测量设备误差：电子方位线和机械方位线误差等。

⑧ 波束主瓣轴线方向偏移。

⑨ 视差：IMO 规定为±1°。

雷达测方位的精度一般为±2°，航行时可达±3°。

(2) 方位分辨力

雷达显示器上区分同一距离上两个相邻物标的能力，称为雷达的方位分辨力（最小夹角）(bearing discrimination)。雷达的方位分辨力与下列因素有关：

① 水平波束宽度 θ_H：θ_H 越小，方位分辨力越好。

② 物标回波光点尺寸：光点尺寸越小，荧光屏直径越大，方位分辨力越好。

③ 物标距离：距离越近，方位分辨力越好（图 1-6）。

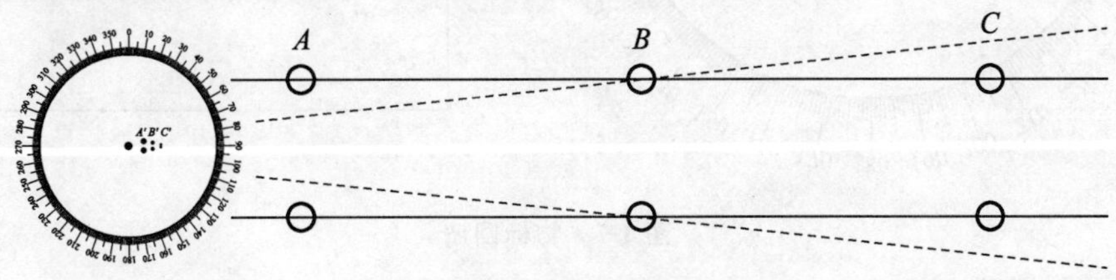

图 1-6　方位分辨

IMO 规定：量程 $R=1.5\sim2$ n mile，物标距离为 50%～100%量程，夹角不大于 2°。

5. 雷达发现距离

雷达能够发现物标的能力与下列因素有关。

① 最大作用距离：雷达发现物标的距离小于雷达最大作用距离。

② 最小作用距离：雷达发现物标的距离大于雷达最小作用距离。

③ 物标的反射能力：反射能力强的物标容易被发现。

④ 物标形状及大小、表面结构、性质等：反射面积大且与信号传播方向垂直，反射面平坦光滑，金属性质的物标容易被发现。

⑤ 气象条件（如雨、雪、雾、雹等影响，可使发现物标的距离减少 15%～20%）。

第五节　雷达回波识别

一、定位物标回波识别

可以用于雷达定位的物标主要有孤立的小岛、岬角、突出陡峭的海岸、雷达应答标(racon)等。其回波的主要识别方法有以下几种。

1. 根据雷达荧光屏上物标回波形状与海图上物标形状的比较进行识别

首先根据船舶在海图上的推算船位和航向等因素，观察和记住海图上船位周围海区绘制的岛屿、岬角、突出陡峭的海岸的形状、大概方位和距离等，再到雷达荧光屏上，根据扫描中心周围岛屿、岬角、突出陡峭的海岸的形状、大概方位和距离等回波特点，将二者进行对比，即可确定雷达荧光屏上所要选择的定位物标回波（图 1-7）。

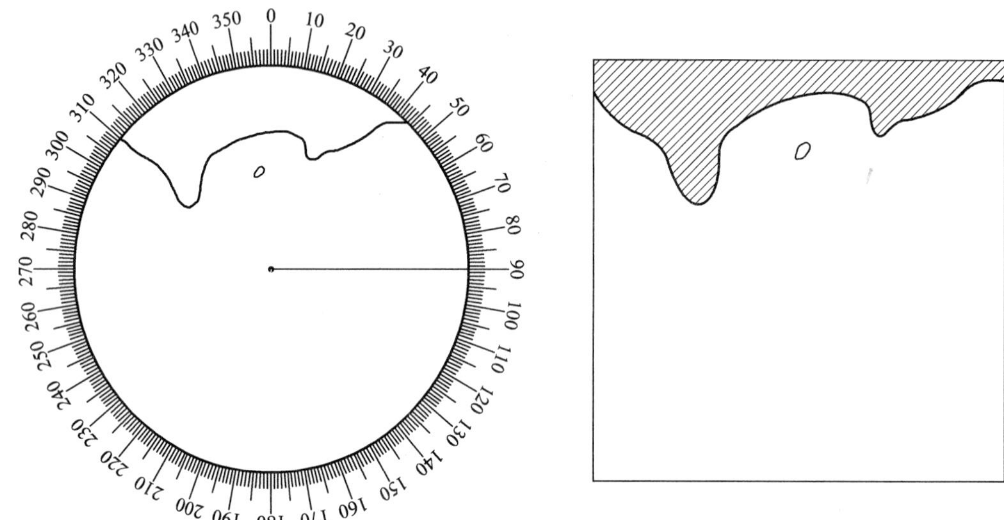

图 1-7 物标回波

2. 根据已知准确船位识别

当对船舶周围海域不太熟悉且岛屿、岬角、突出陡峭的海岸较多，将雷达荧光屏上物标回波形状与海图上物标形状进行比较，难以识别定位物标回波时，可以根据已知准确船位的方法识别定位物标回波。其方法是在测定已确认物标回波的距离方位进行定位的同时，也测定将被选用但未被确认物标回波的距离方位定位。若根据已确认物标所定的船位，与未被确认物标所定的船位是同一个船位，则未被确认的物标就被确认了。当原来的定位物标不能再继续用于定位时，即可使用新确认的定位物标进行定位。

3. 根据雷达航标特点识别

用于雷达定位的雷达应答标，在海图上用航标符号标示出其位置和编码。而在雷达荧光屏上，雷达应答标从所安装的物体回波，背向扫描中心发射编码符号。根据推算船位、大概的方位距离和发射的编码符号，可以在雷达荧光屏上确认所选用的雷达应答标。

二、雷达干扰回波

雷达探测物标时，雷达荧光屏上除了显示正常的物标回波，有时由于受到某些因素的影响，还可能显示一些干扰回波，影响对正常物标回波的识别。雷达荧光屏上可能出现以下干扰回波。

1. 雨雪干扰回波

产生雨雪干扰回波的原因是下大雨或暴雨、下大雪或暴雪时，大气中的雨滴或雪花对雷达发射的电磁波产生反射。雨雪干扰在雷达荧光屏上的回波特点是回波呈一片松

软的棉絮状，出现在下雨下雪的方向。同等条件下雨雪干扰回波的强弱与降雨降雪量的大小有关，降雨降雪量越大干扰回波越强。下大雨雪时，大气中的雨滴或雪花对雷达发射的电磁波的反射，还会降低雷达探测被雨雪区遮挡的远距离物标的能力，使被雨雪区遮挡的物标回波变弱或不能正常显示。

在雷达荧光屏上消除雨雪干扰回波的方法主要有：使用雷达显示器上的"雨雪干扰抑制(F. T. C.)旋钮"，使雨雪干扰回波强度被抑制到不影响对正常物标回波的识别。也可调节"增益"旋钮，使雨雪干扰回波强度被抑制到不影响对正常物标回波的识别。但应注意：使用"雨雪干扰抑制"旋钮和使用"增益"旋钮消除雨雪干扰回波时，将雨雪干扰回波强度抑制的同时也抑制了荧光屏上所有物标的回波，远距离弱小物标的回波被抑制掉会影响识别。当雨雪干扰回波较强时，应使用 10 cm 波长的雷达，特别是需要探测被雨雪区遮挡的远距离物标时，因为大气中的雨滴或雪花反射较长波长电磁波的能力弱。另外，若雷达具有发射圆极化波的能力，当雨雪干扰较强时，采用圆极化波发射，可以减弱雨雪干扰回波，因为大气中的雨滴或雪花，反射圆极化波比反射水平极化波弱。

2. 海浪干扰回波

船舶周围附近海区的海浪对雷达发射电磁波的反射，可能会在雷达荧光屏上产生海浪干扰回波。由于海浪对雷达电磁波的反射能力较弱，因此只有大风浪时近距离或上风向一侧海浪，才会在雷达荧光屏上产生海浪干扰回波。所以，海浪干扰回波出现在雷达荧光屏扫描中心周围 6～8 n mile(最大时可达到 10 n mile)范围内或上风向一侧。海浪干扰回波在荧光屏扫描中心周围呈椭圆状一片亮点或时隐时现的光点。海浪干扰回波出现时，将可能掩盖船舶周围近距离的弱小物标(如小船、浮标等)的回波，影响在雷达荧光屏上观测这些物标回波。

消除海浪干扰回波的方法主要有：正确使用雷达显示器上的"海浪干扰抑制(STC)"旋钮，将海浪干扰回波抑制到不影响正常物标回波的识别，应注意不能将近距离弱小物标回波抑制掉。"海浪干扰抑制"旋钮，一般可以抑制雷达荧光屏扫描中心周围 6～8 n mile(最大可达 10 n mile)范围内的回波，对此范围以外的回波没有抑制作用；正确使用"增益"旋钮，通过降低物标回波增益来减弱海浪干扰回波。但应注意在减弱海浪干扰回波的同时，也减弱了荧光屏上所有物标的回波，不能影响对弱小物标回波的识别。在海浪干扰较强时，可以使用 10 cm 波长雷达，因为 10 cm 雷达电磁波的波长比 3 cm 雷达电磁波的波长长，海浪反射能力弱，海浪干扰回波弱。

3. 同频干扰回波

当两艘船上使用的雷达脉冲频率相同(或接近相同)且两船距离很近时，两艘船上的雷达同时相互接收对方发射的雷达电磁波，就会在各自的雷达荧光屏上产生同频干扰回波。同频干扰回波根据两艘船上使用的雷达脉冲频率的相同程度，在荧光屏上的回波特点是：当两部雷达的脉冲频率完全相同时，荧光屏上显示径向光点，如图 1-8(a)所示；当两部雷达的脉冲频率相差较小时，荧光屏上显示螺旋线光点，如图 1-8(b)所示；

当两部雷达的脉冲频率相差较大时，荧光屏上显示无规则的光点，如图 1-8(c)所示。

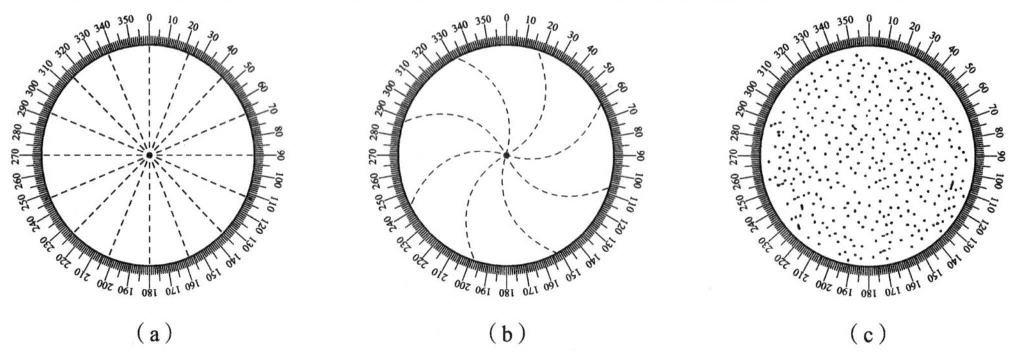

(a) (b) (c)

图 1-8 同频干扰回波

当雷达荧光屏上出现同频干扰回波时，可换用另一部雷达，以消除同频干扰回波的影响；若雷达荧光屏上设有“同频干扰抑制”旋钮，可使用此旋钮消除同频干扰回波；选用小量程显示，也可以减小同频干扰回波的影响。

4. 明暗扇形干扰回波

当雷达使用“自动频率跟踪(AFT)”时，若自动频率跟踪电路失调，雷达荧光屏上将出现有规律的明暗扇形干扰回波，影响正常物标回波的显示与识别。消除明暗扇形干扰回波的方法是将“自动频率跟踪”转换为“手动频率跟踪”。

5. 背景噪声干扰(草波)回波

雷达的视频放大倍数太大、物标回波太强等易导致雷达荧光屏上回波处电子辐射射出后又落回到回波附近，使回波变大，造成荧光屏上出现成片的背景噪声干扰回波。可以通过调扫描亮度和调小增益的方法，消除背景噪声干扰回波，但不能影响小物标回波的观测。

三、雷达假回波

1. 旁瓣回波

当雷达发射的电磁波能量方向性能不良时，除了在主瓣发射方向上有电磁波能量发射外，在主瓣两侧也有一定的电磁波能量向外发射，称为旁瓣发射。由于雷达电磁波的旁瓣能量比主瓣能量小得多(雷达性能标准有规定)，因此只有近距离反射雷达电磁波能力很强的物标，对旁瓣电磁波能量反射较强时，才有可能在雷达荧光屏上出现旁瓣假回波。

雷达荧光屏上旁瓣回波的特点，是在真回波的相同距离位置左右出现对称的假回波，回波强度比真回波弱得多，比较容易识别(图 1-9)。消除或抑制旁瓣回波的方法是调节“增益”旋钮或使用“海浪干扰抑制”旋钮，降低回波强度。

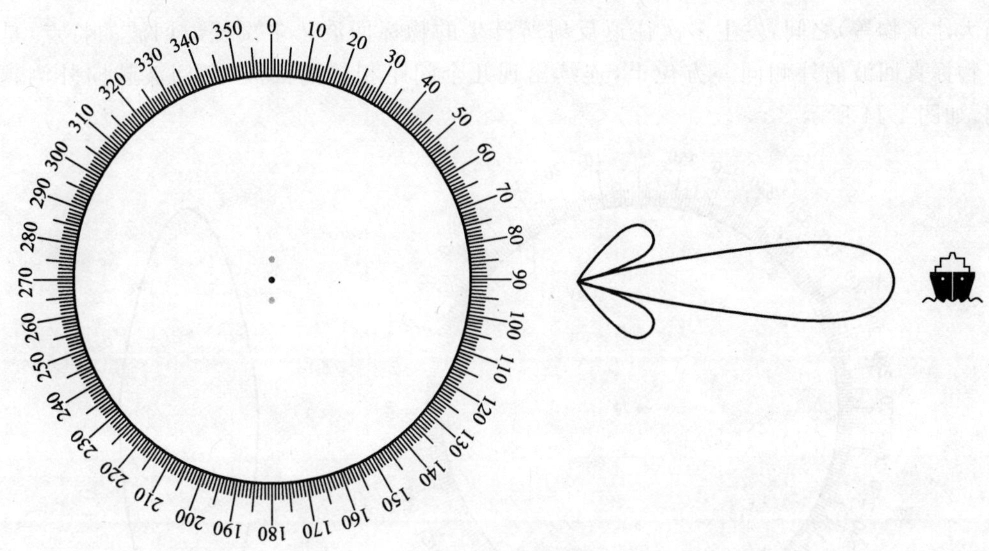

图 1-9 旁瓣回波

2. 间接回波

当本船与物标距离较近且物标反射雷达电磁波能力很强时，本船雷达发射的电磁波能量除了绝大部分直接传播到所测物标外，还有一部分电磁波能量经本船建筑物(大桅或烟囱)、近距离的他船或近距离岸上高大建筑物间接辐射给所测物标。同样，所测物标反射的绝大部分电磁波能量直接被雷达天线所接收，也有一部分所测物标反射的电磁波能量，先反射到本船建筑物(大桅或烟囱)、近距离的他船或近距离岸上高大建筑物，再由其反射给雷达天线被接收。在雷达荧光屏上除了正常显示所测物标的回波外，在辐射物的方位上也会显示所测物标的回波，就是间接回波(图 1-10)。间接回波在雷达荧光屏上的距离，应为雷达天线到辐射物的距离加上辐射物到所测物标的距离。

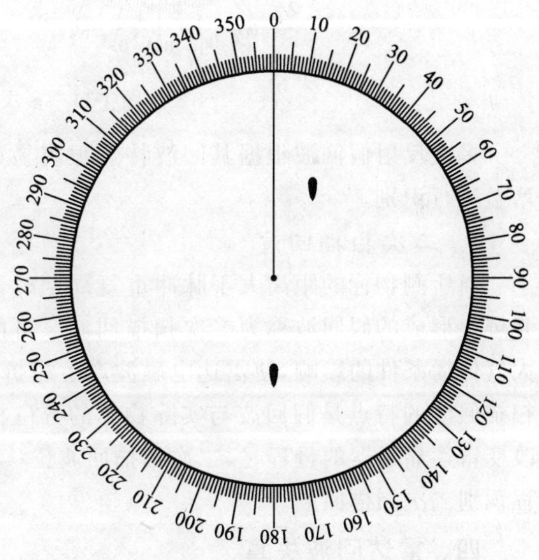

图 1-10 间接回波

由位于本船雷达天线船尾方向的大桅(或烟囱)造成的间接回波，出现在雷达荧光屏上的阴影扇形区内。本船直航时，若所测物标方位变化，雷达荧光屏上此物标的真回波也随之变化，而位于阴影扇形区的间接回波方位不变。本船航向变化时，根据选用的雷达荧光屏的显示方式不同，间接回波方位随艏线标志变化而同向变化。因此，对本船大桅(或烟囱)形成的间接回波，一般可以通过小幅度转向识别。

3. 多次反射回波

多次反射回波是本船舶与横向近距离、反射雷达波性能力强的物标(如大型船舶或高大建筑物等)之间,发生多次往返反射所产生的物标回波。多次反射回波的特点,是在物标真回波的外侧同一方位上,连续出现几个间距相等的回波,且回波越向外侧越弱,如图 1-11 所示。

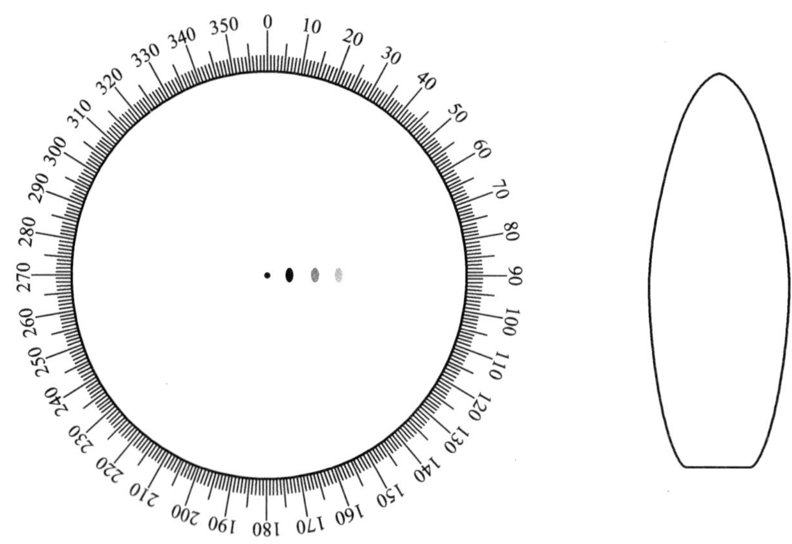

图 1-11 多次反射回波

多次反射假回波根据其回波特点很容易识别,必要时可以通过降低雷达显示器的增益进行识别。

4. 二次扫描回波

当所测物标的距离大于脉冲重复周期时,前一扫描周期的物标回波出现在雷达荧光屏上形成的假回波称为二次扫描回波。可能产生雷达二次扫描回波的主要原因,是大气传播条件的影响,使雷达电磁波产生超折射传播,扩大了雷达波的传播距离。二次扫描回波的特点是假回波与实际物标的方位相同,但回波距离与实际物标的距离不符。改变雷达显示器的量程时,二次扫描回波位移变形。因此,可通过改变雷达显示器的量程识别二次扫描回波。

四、雷达回波失真

雷达由于其本身性能及工作方式和工作环境的原因,可能会造成雷达荧光屏上物标回波失真。雷达回波失真主要有物标回波的大小失真和物标回波的形状失真。

1. 物标回波大小失真

造成雷达荧光屏上物标回波大小失真的因素,主要有雷达发射电磁波的水平波束宽度(θ_H),它可使物标回波向左右方向扩展;雷达发射的电磁波脉冲宽度(τ),可使物标回波径向扩展;另外还有物标回波光点直径大小、雷达荧光屏扫描中心光点直径大小等,也会使物标回波大小失真。

2. 物标回波形状失真

造成雷达荧光屏上物标回波形状失真的原因,主要有地球曲率的影响,使物标位于雷达电磁波传播平面以下的部分不能反射回波,而只能显示物标位于雷达波传播平面以上的物标部分，造成物标回波形状失真；由于船舶与被测物标之间的高大物体的遮挡，使所测物标被遮挡的部分不能在雷达荧光屏上显示回波，也将造成物标回波形状失真(图 1-12)。

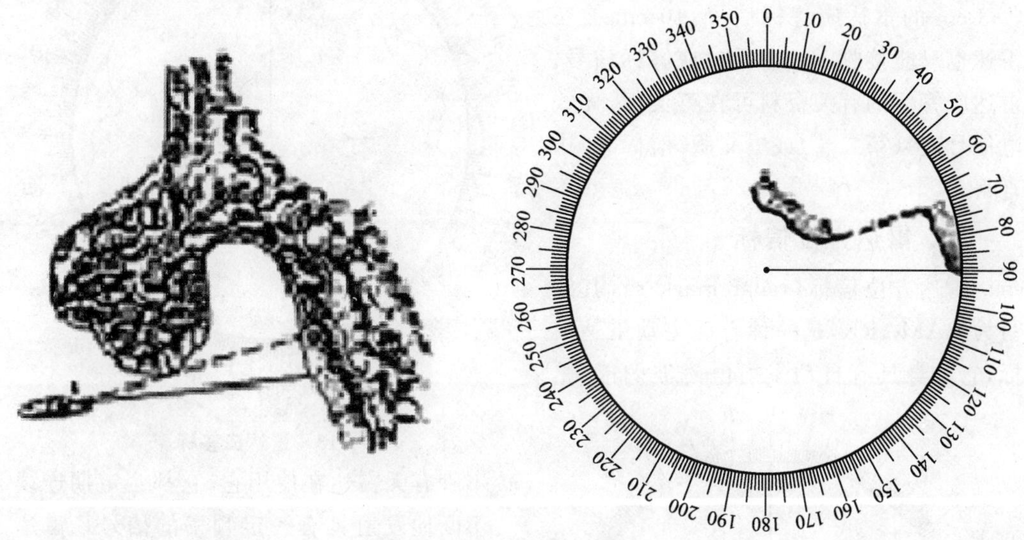

图 1-12　物标回波形状失真

另外，雷达发射电磁波的水平波束宽度(θ_H)、发射电磁波的脉冲宽度(τ)、物标回波光点直径大小和雷达荧光屏扫描中心光点直径大小等，也会在一定程度上造成物标回波形状的失真。雷达荧光屏上物标回波失真，将影响物标回波的正确识别和测量物标精度。

第六节　雷达航标

为了更有效地发挥雷达的作用，在海上固定物标、海岛或海岸上设立的专门应用于船舶雷达的无线电收发设备或提高雷达电磁波反射能力的物体，称为雷达航标。常用的雷达航标主要有以下几种。

一、雷达应答标

雷达应答标(radar beacon)其缩写为 RACON，是一种有源被动雷达航标。它的最大有效距离可达十几海里至几十海里。雷达应答标平时不工作，只有当它接收到雷达发射的脉冲信号(询问)时，才能启动开始工作。一般雷达应答标在接收到雷达发射的信号后约 0.5 μs 发出编码应答信号，雷达接收到应答标发射的应答信号，在雷达荧光屏上安装应答标台架回波点背向扫描中心方向，周期性显示应答标的编码符号，用于识别应答标(图 1-13)。雷达应答标一般安装在海上重要的孤立物标(如小岛、平台、浮标等)上。

安装雷达应答标的作用是便于识别物标回波，增加雷达的有效作用距离，方便精确地测量应答标台架回波点的距离和方位定位。雷达应答标发射的信号波长有 3 cm 和 10 cm 两种，3 cm 波长雷达只能接收 3 cm 的雷达应答标信号，10 cm 波长雷达也只能接收 10 cm 雷达应答标信号。雷达应答标的有关资料可在英文版《无线电信号表》(第二卷)或中文版《航标表》中查得。

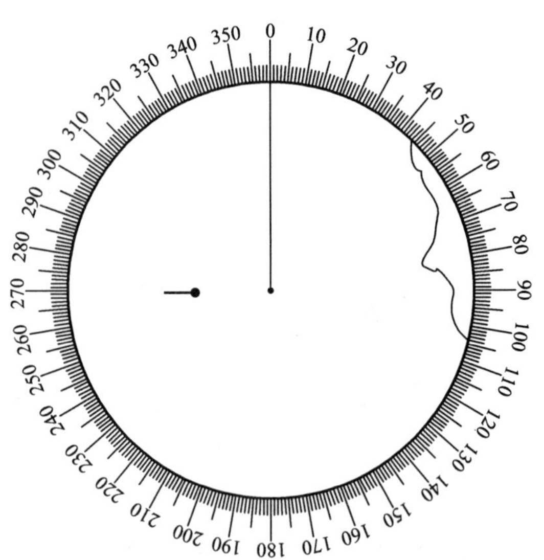

图 1-13 雷达应答标

二、雷达方位信标

雷达方位信标(radar marker)，其缩写为 RAMARK，是一种有源主动雷达航标，它本身具有自动发射电磁波的能力，不管有无雷达在使用它，它都会定期连续不断地发射具有一定频率的信号。雷达方位信标一般安装在海岸、岛屿、港口等处，其有效作用距离为十几海里至几十海里。当雷达接收到雷达方位信标发射的信号时，雷达荧光屏上显示一条由扫描中心指向雷达方位信标约 1°～3°宽的点状线(图 1-14)。

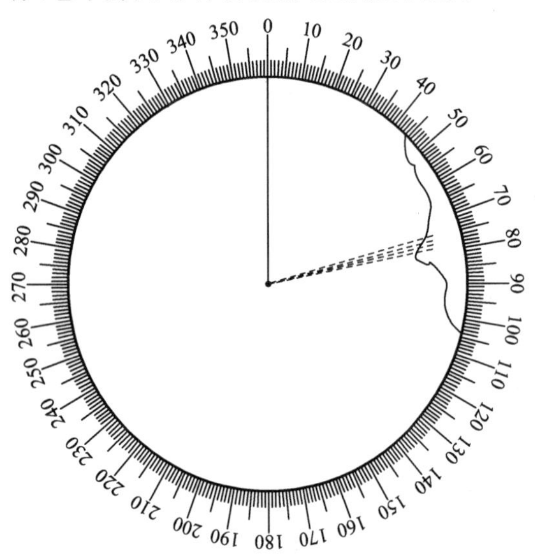

图 1-14 雷达方位信标

船舶通过接收雷达方位信标发射的信号的作用是：在初近陆地或沿海陆地低洼、平坦雷达尚不能探测到时，利用其增加探测距离和作为识别标志；在海岬、岛屿和其他物标密集区，以及海岸线平坦不容易识别的地区，用作识别标志；作为进出港时的导航标志。当雷达荧光屏上显示雷达方位信标的信号标志时，信号标志可能会掩盖其他物标回波，在有些地区可能会发生雷达方位信标干扰。

三、雷达搜救应答标

雷达搜救应答标(search and succour radar transponder)，其缩写为 SART，是 SOLAS 公约规定的所有从事国际航行船舶，必须配备的一种搜救用雷达航标，它属于有源被动专用雷达航标。雷达搜救应答标工作频率为 X 波段，采用水平极化波方式发射。雷达搜救应答标平时由船舶自行保管(一般放在驾驶台上)，需要时可以人为投放到海面或船舶沉没时随船一起入水漂浮在海面上。漂浮在海面上的雷达搜救应答标，当收到周围约 5 n mile 范围内的雷达电磁波脉冲信号询问时，延时约 0.5 μs 后发射应答信号。雷达接收到雷达搜救应答标发射的信号后，雷达荧光屏上显示从雷达搜救应答标所在位置背向扫描中心方向，由 12 个短划线组成的雷达搜救应答标信号标志。雷达搜救应答标的作用是帮助搜救人员通过发现和识别雷达搜救应答标，测量其方位和距离，尽快发现和找到需要救助的船舶、人员等。

四、雷达反射器

雷达反射器(radar reflector)是一种不发射无线电信号的雷达航标，它的作用是增强物标反射雷达电磁波的能力，主要有以下几种。

1. 角反射器

角反射器有三角形、五角形反射器和八面体反射器等(图 1-15)。将角反射器安装在特殊雷达导航物标上，可以增强物标反射雷达电磁波的能力，提高雷达发现该物标的能力和作用距离。如一个三级浮标上安装五角形反射器，其发现距离可由1.5 n mile增加到 3.5 n mile。罐形或圆柱形浮标可由 3 n mile 增加到 7 n mile。

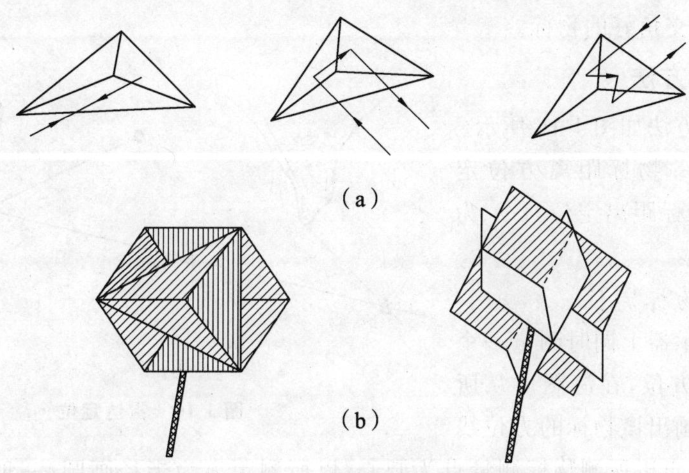

图 1-15　角反射器

2. 透镜反射器

由朗伯格发明的透镜反射器(lens reflector)，是一个由不同电介质材料制成的空心球微波透镜，直径为 3 cm，安装在浮标上，当其高度为 2 m，雷达天线高度为 15 m 时，发现距离可增加到 10 n mile。

五、雷达救生火箭

雷达救生火箭(radar life saving，rocket 或 radar flare)用于雷达搜救时，可以快速发现小艇、救生艇、救生筏等物标。使用时由人工发射到空中约 400 m 的高度，3 cm波长雷达可在 12 n mile 内发现，其回波可在雷达荧光屏上显示约 15 min。

六、回波增幅器

回波增幅器(echo enhancers)用于增强雷达电磁波的回波能力，安装在小艇上，可在强海浪干扰中被雷达发现。属于有源应答标，发射短脉冲。

第七节 雷达定位

雷达定位方法有测量一个物标的距离和方位定位、测量两个以上物标的距离定位、测量两个以上物标的方位定位、测量一个物标的特殊角度定位等。

一、定位物标选择

选择定位物标的总原则，是选择物标回波稳定、明亮清晰、位置与海图上的位置精确对应、测量精度高的物标。具体可选用的物标是：

① 孤立的小岛、岩石，高而陡峭的岬角、突堤、雷达应答标等；

② 近距离、失真小的物标；

③ 船位线交角好的物标。

二、定位方法

雷达定位方法如图 1-16 所示。

(a) 为单一物标距离方位定位，(b) 为两物标距离定位，(c) 为两物标方位定位。

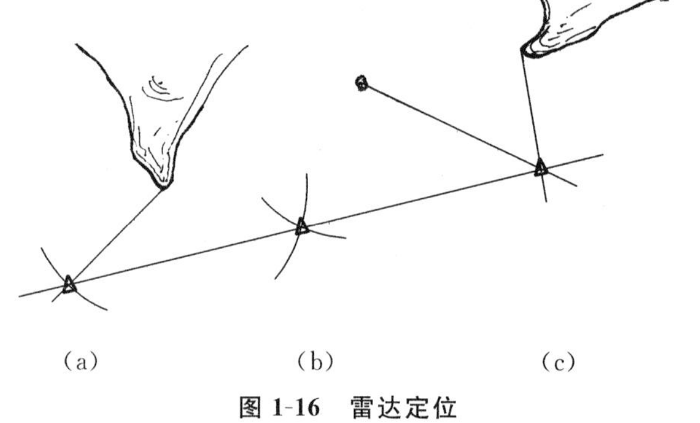

图 1-16 雷达定位

1. 单一物标定位

在雷达显示器上同时测量一个物标的距离和方位，在海图上从所测物标测量点画出该物标的方位线(方位船位线)，再以所测物标测量点为圆心，以所测距离为半径画圆(一般只画出所需要的圆弧)就是船位圆，船位圆与方位线的交点就是雷达船位。物标真方位是根据显示器上罗经刻度盘读取物标罗方位后，经陀罗差改正得到的。

2. 两物标定位

(1) 两物标距离定位

在雷达显示器上测量两个物标的距离，在海图上分别以所测物标测量点为圆心，以所测距离为半径画出船位圆(一般只画出所需要的圆弧)，两个船位圆的交点就是雷达船位。测量时应尽量缩短测量时间间隔，测量顺序应遵循先慢后快、先难后易的原则，即先测距离变化慢的物标(左右舷方向的物标)，再测距离变化快的物标(首尾方向的物标)，提高定位精度。距离变化相同的物标，应先测难测的物标，后测容易测的物标，以减小定位误差。

(2) 两物标方位定位

在雷达显示器上测量两个物标的方位，在海图上分别从所测物标测量点画出两个物标的方位线(方位船位线)，两条方位线的交点就是雷达船位。测量两个物标方位时应尽量缩短测量时间间隔，测量顺序应遵循先慢后快、先难后易的原则，即先测方位变化慢的物标（首尾方向的物标），再测方位变化快的物标（左右舷方向的物标），提高定位精度。方位变化相同的物标，应先测难测的物标，后测容易测的物标，以减小定位误差。两个物标方位定位的方法，在实际中较少使用，因为一般情况下，其定位精度不如单一物标距离方位定位法和两个物标距离定位法高。

有条件时也可以测量三个以上物标定位，以提高定位精度。定位时除了选择定位精度高的物标外，还应选择船位线交角好的物标。两物标定位时，船位线交角 90°最好（应大于 30°）。三物标定位时，船位线交角 120°最好。

第八节　雷达导航

一、保线航行

船舶沿岸航行或在特殊海域航行，单纯依靠定位不能有效保证航行安全时，可使用雷达采用保线航行，主要有以下方法。

1. 导标导航

在雷达荧光屏上，使方位标尺指向导标回波的特定方位（或舷角）并始终保持之，则船舶航行就是安全的。若导标回波偏在方位标尺线的左边或右边，就要调整航向，使方位标尺线始终指向导标回波。

2. 方位叠标导航

在雷达荧光屏上选定两个以上的物标回波，使用方位标尺使其回波重叠，船舶航行时一直保持物标回波重叠的状态，船舶的航行就是安全的。

3. 距离叠标导航

在雷达荧光屏上，使选定的两个基本点物标回波位于同一距标圈上，船舶始终保持这种状态航行，船舶的航行就是安全的。

二、雷达避险线

船舶在狭水道或特殊海域航行，单纯依靠定位不能有效保证航行安全时，经常采用雷达避险线航行，主要有以下方法。

1. 距离避险线

在雷达荧光屏上，选定某一物标回波作为避险物标，根据船舶航行安全的需要，用雷达活动距标设定距离避险物标回波的安全距标圈，航行中保持此距标圈始终与避险物标回波相切，船舶的航行就是安全的。当选定的避险物标和危险物（区）的连线与计划航线垂直或接近垂直时，宜采用距离避险线航行（图 1-17）。

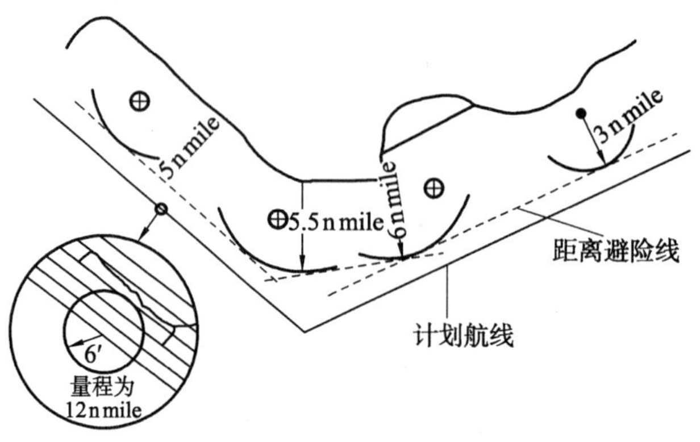

图 1-17　距离避险线

2. 方位避险线

在雷达荧光屏上，选定某一物标回波作为避险物标，根据船舶航行安全的需要，用方位标尺（机械方位标尺或电子方位线 EBL）指向所选定的避险物标回波，操纵船舶使其方位标尺始终位于所选定的避险物标回波外侧航行，船舶就是安全的（图 1-18）。

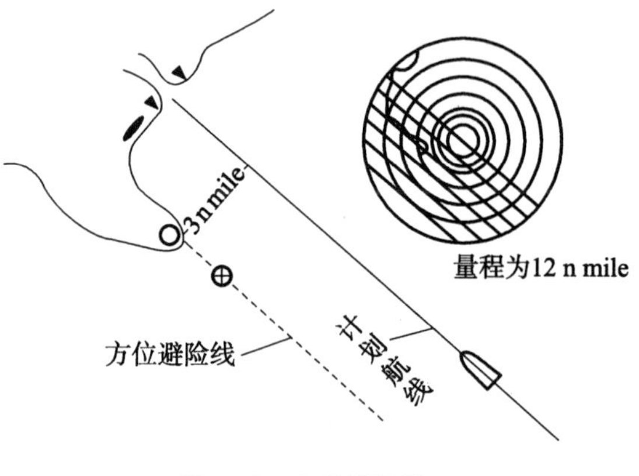

图 1-18　方位避险线

当所定的避险物标和危险物（区）的连线与计划航线平行或接近平行时，宜采取方位避险线航行。当采用方位避险线航行时，雷达应选择“北向上”显示方式。必要时，也可以采取距离避险线和方位避险线双重避险措施。

三、港口雷达站

为了使进出港的船舶航行安全，世界各大港口都建立了船舶交通管制系统（VTS）。当船舶进出港口时，船舶必须接受 VTS 雷达导航站的导航和指挥。VTS 港口雷达导航可向被导航的船舶提供其航向、航速、偏航情况、船舶交会状态等信息，引导船舶安全航行。

四、雷达导航的注意事项

（1）在进入危险区前，应预先找到主要导航物标及危险物标的位置及特点。确定雷达导航的方式，并确定安全距离及有关导航参数。

（2）在狭水道航行时，由于物标近，方位距离变化快，有时不能及时定位，应采用物标与物标回波对照的方法导航，识别物标要准确迅速。

（3）在狭水道航行时，雷达荧光屏上出现假回波的可能性增加，对间接回波、旁瓣回波、多次反射回波以及小船、浮标的回波应仔细辨识，不可混淆。

（4）应充分利用雷达方位标尺和活动距标圈协助判断船位。

(5) 在狭水道航行时，最好使用真运动导航，可选用船首向上或真北向上显示方式。

(6) 使用雷达瞭望时，应根据本船船型、航行状态、速度、海区的视距、船舶密度等情况决定使用何种量程。常用量程为 12 n mile，可在 6 n mile 和 12 n mile 量程之间转换使用，以利于尽早发现物标，特别是小船的回波。

第二章　雷达的基本操作

船用雷达是一种精密的导航设备，能提供强大的导航及避碰功能，但能否充分发挥雷达的性能，在很大程度上依赖于使用者的操作步骤是否正确、使用方法是否得当。为了充分发挥雷达的性能，使用者必须掌握正确的操作步骤、操作要领和使用方法，从而正确地应用雷达来实现导航功能。

第一节　雷达显示基本按钮及显示界面

不同品牌、不同型号的船用雷达操作面板上的开关、按钮、旋钮的数量和布局是不相同的，但其主要的开关、按钮、旋钮的作用相似，用法也大致上相通。IMO 和我国都对船用雷达操作面板上的主要的开关、按钮、旋钮对应的符号和含义制定了相应的标准。为了使受训者尽快熟悉雷达主要的开关、按钮、旋钮对应的功能、符号和含义，下面以一款常用雷达为例进行讲解。

一、雷达操作单元

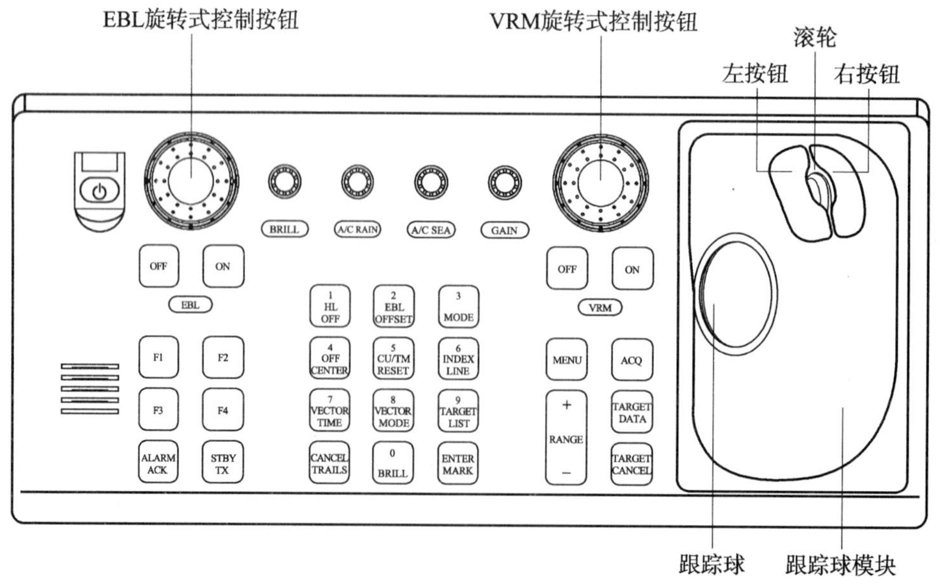

图 2-1　雷达操作单元

表 2-1　雷达操作单元控制说明

控制按钮	说明
控制单元 RCU-014(完全键盘)	
POWER	开启和关闭系统
EBL 和 VRM 旋转式控制按钮	分别调整 EBL 和 VRM
EBLON，EBLOFF	分别开启和关闭 EBL
F1～F4	执行快捷分配的菜单
ALARMACK	消除声音警报
STBYTX	在待机和发射之间切换
BRILL	调整显示亮度
A/CRAIN	抑制雨滴杂波
A/CSEA	抑制海浪杂波
GAIN	调整雷达接收器的灵敏度
HLOFF	按下时暂时清除艏线
EBLOFFSET	启用、禁用 EBL 偏移。在菜单操作中，在北南及东西之间切换极性
MODE	选择显示模式
OFFCENTER	移动本船位置
CU/TMRESET	将本船位置移动到船尾方向半径的 75%处。在航向向上和真运动模式中，将艏线重置为 0°
INDEXLINE	开启和关闭刻度线
VECTORTIME	选择向量时间(长度)
VECTORMODE	选择向量模式，相对或真
TARGETLIST	显示 ARP 目标列表
CANCEL	TRAILS 取消全部目标轨迹。在菜单操作中该控制按钮清除数据行
VRMON，VRMOFF	分别开启和关闭 VRM
MENU	打开和关闭 MAIN(主)菜单；关闭其他菜单
ACQ	操纵跟踪球选择目标后，探测 ARP 目标。操纵跟踪球选择目标后，将休眠中的 AIS 目标更改成激活的目标
RANGE	选择雷达距离
TARGETDATA	显示使用跟踪球选择的 ARP 或 AIS 目标的目标数据
TARGETCANCEL	取消跟踪使用跟踪球选择的 ARP、AIS 或参照目标
控制单元 RCU-015(掌上控制)	
POWER	开启和关闭系统
F1～F4	执行快捷分配的菜单

二、雷达显示单元

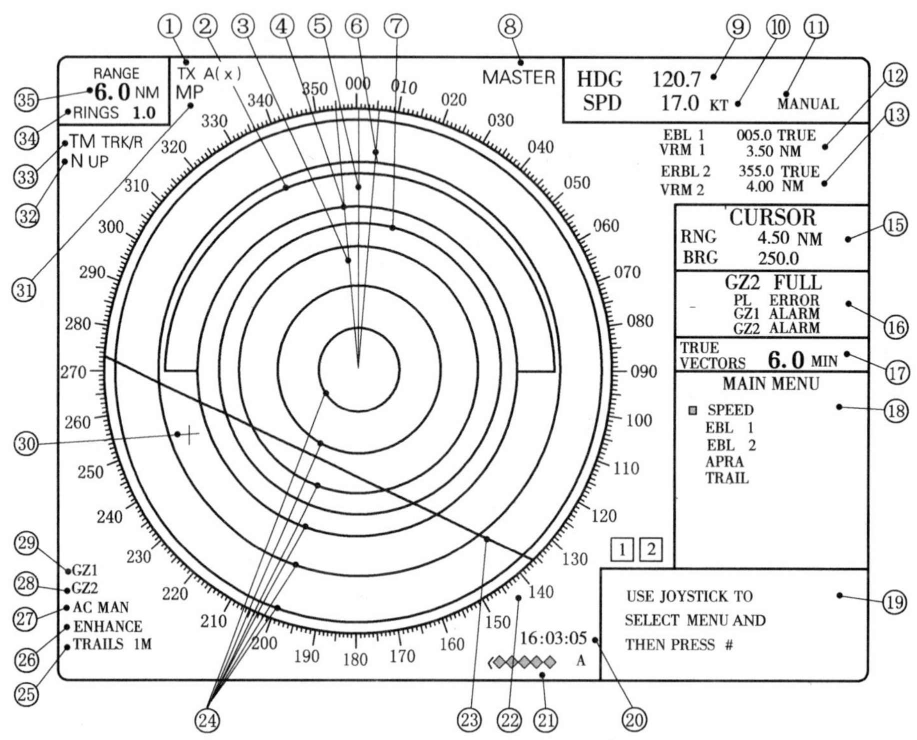

图 2-2 雷达显示单元

表 2-2 雷达显示单元说明

序号	英文名称
1. 使用中的顶部单元	TRANSMITTER TYPE IN USE
2. 警戒圈	GUARD ZONE
3. 电子方位线 1	ERBL 1
4. 活动距标圈 1	VRM 1
5. 船首标	HEADING MARKER
6. 电子方位线 2	ERBL 2
7. 活动距标圈 2	VRM 2
8. 主分/显示	SLAVE/MASTER INDICATOR
9. 船首向	SHIP'S HEADING
10. 船速	SHIP'S SPEED
11. 船速输入类型	SPEED INPUT TYPE
12. 电子方位线和活动距标圈 1 度数	EBL 1/VRM 1/ERBL 1 READOUT
13. 电子方位线和活动距标圈 2 度数	EBL 2/VRM 2/ERBL 2 READOUT

续表 2-2

序号	英文名称
14. 电子方位线和活动距标圈指示符	EBL/VRM /ERBL POINTER
15. 光标位置	CURSOR POSITION
16. 警报框	ALARMS BOX
17. 矢量线调整	VECTORS
18. 菜单	MENU BOX
19. 提示栏	PROMPT BOX
20. 时间	TIME
21. 调谐指示	TUNE INDICATOR
22. 方位刻度	BEARING SCALE
23. 指示线	INDEX LINE
24. 固定距标圈	RANGE RINGS
25. 尾迹及其长度	TRAILS AND LENGTH
26. 展宽——视频	ENHANCED VIDEO
27. 抗杂波手动/自动	AC MANUAL/AUTO
28. 警戒圈使用提示 2	GUARD ZONE 2 IN USE
29. 警戒圈使用提示 1	GUARD ZONE 1 IN USE
30. 光标	CURSOR
31. 脉冲宽度	PULSE LENGTH
32. 显示方式	STABILISATION
33. 运动模式	MOTION
34. 固定距标圈间距	RING SEPARATION
35. 探测距离	RANGE SCALE

第二节　雷达开关机操作步骤

一、开机前准备工作

① 检查以下主要开关按钮是否处于正常位置：雷达电源开关及发射开关应放在“关”位置；亮度按钮应放在逆时针到底（最小）位置。

② 检查天线上是否有人或妨碍天线旋转的障碍物（如旗绳、发报天线等）。

③ 如气温太低或空气太潮湿，则应先合上船电闸刀，让机内各加热电阻通电加热后再开机。

二、雷达开机步骤

① [POWER]开关位于控制单元的左上角。打开[POWER]开关护盖，按开关开启雷达系统。

② 再次按开关可关闭雷达。打开电源后大约 30 s 内，屏幕上会显示方位刻度和数字计时器。计时器将倒计时 3 min 的预热时间。磁控管（即发射管）将在这段时间内预热，以备发射。当计时器数到“0：00”时，屏幕中间会显示“ST-BY”（待机），表示雷达随时可以发射脉冲。

注意：在待机状态下，不显示标记、距离圈、地图、图表等，而且取消 ARP 并清除 AIS 显示。在预热和待机条件下，以小时和十分之一小时计算的“ON TIME”和“TX TIME”出现在屏幕中央。避免关闭电源后立即打开电源。重新开启电源前，应等待几秒钟，以确保启动正确。开启发射器，磁控管预热之后，ST-BY 出现在屏幕中央，表示雷达准备发射雷达脉冲。可以在完全键盘上按[STBY/TX]键发射，或者转动跟踪球在显示屏左下角处选择 TX STBY 方框，然后按左按钮（跟踪球上），屏幕右下角导视框左边的标签由 TX 变成 STBY。

最初，雷达会沿用先前使用的量程和脉冲长度。其他设置（例如亮度水平、VRM、EBL 和菜单选项的选择）也会使用先前的设置。

[STBY/TX]键（或 TX STBY 方框）在雷达的 STBY（待机）和 TRANSMIT（发射）状态之间来回切换。在待机状态中，天线停转；在发射状态中，天线转动。磁控管会随时间推移逐渐老化，导致输出功率降低。在雷达闲置时应将其设置为待机，以延长使用寿命。

三、雷达快速启动

如果雷达刚刚使用过且发射管（磁控管）依然温热，可以直接将雷达切换到 TRANSMIT（发射）状态而无需进行 3min 的预热。如果由于操作失误或类似原因导致[POWER]开关关闭，应该在断电后 10 s 之内打开[POWER]开关以快速地重新启动雷达。

四、雷达探测回波区域设定

非 IMO 雷达的回波显示区域可以使用三种配置：圆形、矩形和全屏。可以使用 ECHO（回波）菜单上的 7ECHO AREA（7 回波区域）选择配置。

五、雷达关机步骤

① 将雷达电源开关从“发射”位置转到“预备”位置。

② 将“亮度”、“量程”、“STC”等调到最小。

③ 将雷达电源开关置于“关”位置。

④ 关闭中频电源。

⑤ 断开船电闸刀。

第三节 雷达一般操作

一、调谐接收器

1. 选择调谐方式

使用屏幕顶部的 TUNE(调谐)方框选择调谐模式。

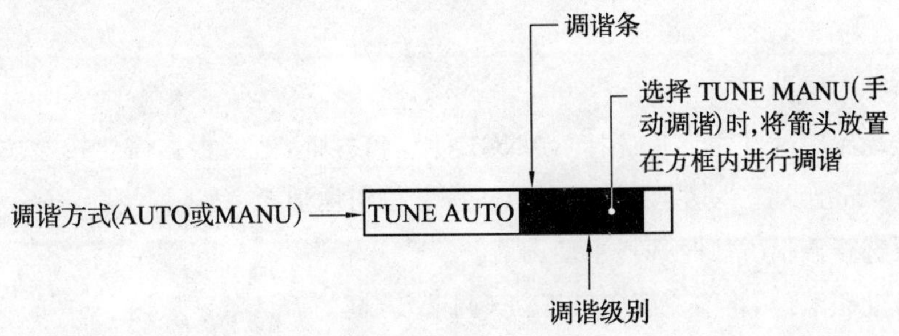

图 2-3 TUNE 方框

① 转动跟踪球在屏幕顶部选择 TUNE(调谐)方框(TUNE AUTO 或者 TUNE MAN)。

② 根据需要,按左按钮或转动滚轮显示 TUNE AUTO(自动调谐)或 TUNE MAN(手动调谐)。

③ 如果使用滚轮选择调谐方式,按滚轮或左按钮更改设置。

2. 初始化调谐

在安装过程中初始化自动调谐。如果认为自动调谐运行不正常,可以按照以下方法对其进行重新初始化。

① 转动跟踪球选择位于屏幕右边的 MENU(菜单)方框,然后按滚轮或左按钮。

② 转动滚轮,选择 1 ECHO(回波),然后按下滚轮或左按钮。

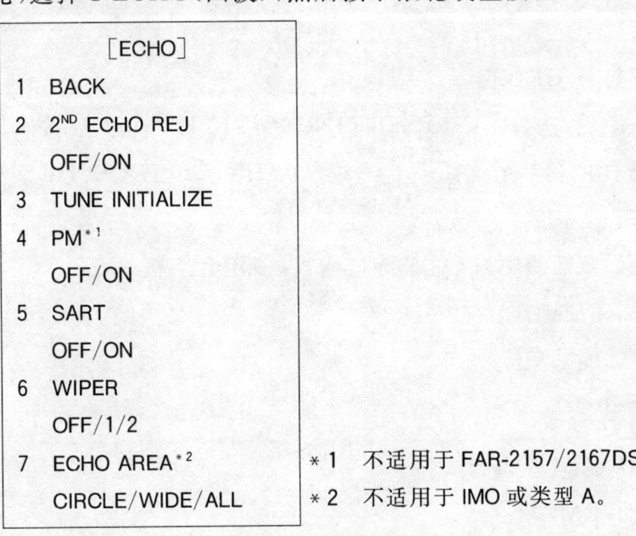

*1 不适用于 FAR-2157/2167DS。

*2 不适用于 IMO 或类型 A。

图 2-4 ECHO 菜单

③ 转动滚轮选择 3 TUNE INITIALIZE(初始化调谐)。

④ 按下滚轮或左按钮,初始化自动调谐(对于从键盘进行的操作,按[ENTER MARK]键)。初始化过程中,警报方框中出现"WORK IN PROGRESS-TUNE INITIALIZE"(正在进行初始化调谐)。

⑤ 按两次右按钮关闭菜单。

3. 自动调谐

在选择调谐方式时选择自动调谐。TUNE(调谐)方框显示"TUNE AUTO"(自动调谐),则自动调谐开启。

4. 手动调谐

① 转动跟踪球在左上角选择 RANGE(距离)方框,然后根据需要按左按钮或右按钮,选择 48 mi 距离。按左按钮减小距离;按右按钮增加距离。

② 在选择调谐方式时选择手动调谐。

③ 转动跟踪球,将箭头置于 TUNE(调谐)方框的调谐条区域内。

④ 转动滚轮调整调谐。最好的调谐点是调谐条图表幅度最大的地方。调谐条图表下方的箭头显示调谐控制的位置,而不是调谐状态。

二、用电罗经校准船首方向

与电罗经连接时,船首方向显示在屏幕的右边。打开雷达后,调整屏幕上的 G YRO 读数,使之与电罗经读数相符。正确设置初始船首方向后,通常无需重新设置。若 G YRO 读数看上去错误或者电罗经警报响起,则按以下步骤处理。

```
[HDG MENU]

1 HDG SOURCE
  AD-10/SERIAL
2 GC-10 SETTING
  000.0°
```

图 2-5 HDG 菜单

① 转动跟踪球,将箭头置于显示屏右上角的 HDG 框内。

② 按右按钮打开 HDG 菜单。

③ 向下转动滚轮,选择 GC-10 SETTING(GC-10 设置),然后按下滚轮或左按钮。

注意:如果选择的船首方向源不合适,在 1 HDG SOURCE(HDG 源)处更改,以与船首方向源相匹配。

④ 转动滚轮设置船首方向(对于键盘输入,使用数字键)。

⑤ 按下滚轮,完成操作。

⑥ 按右按钮关闭菜单。

三、显示模式

1. 一般雷达的显示模式

(1) 相对运动(RM)

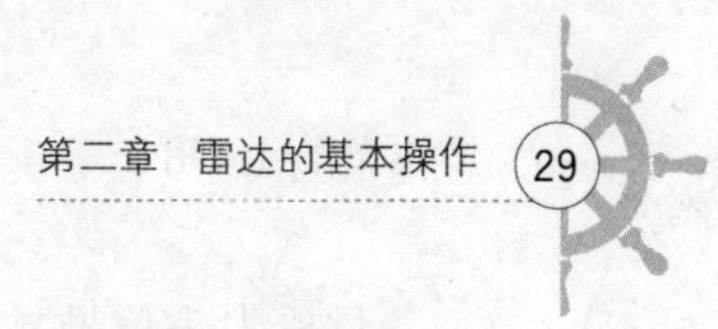

船首向上:不稳定。

船首向上 TB(真方位):船首向上,并以罗经稳定方位刻度(真方位),方位刻度随罗经读数旋转。

航向向上:在选择航向向上时相对船只方向的罗经稳定。

真北向上:罗经稳定,并参照真北方向。

船尾向上:雷达图像旋转 180°。图解、相对方位和真方位也旋转 180°。

(2) 真运动(TM)

真北向上:以罗经和速度输入值稳定地面或海面。

船尾向上:同相对运动。

2. 选择显示模式

(1) 操纵键盘

操纵键盘连续按[MODE](模式)键选择所需的显示模式。PRESENTATION MODE(显示模式)方框显示当前显示模式。

(2) 操纵跟踪球

①转动跟踪球,将箭头置于屏幕左上角的 DISPLAY MODE(显示模式)方框内。

HEAD UP RM*

*=其他模式:

STERN-UP, HEAD UP TB RM, COURSE UP RM, NORTH UP RM, NORTH UP TM

图 2-6　PRESENTATION MODE 方框

② 按左按钮选择所需模式。

当罗经信号丢失时,"HEADING SET"(设置船首方向)呈红色出现在电罗经读数处,显示模式自动变成船首向上,全部 ARP 和 AIS 目标以及地图或航海图被清除。恢复罗经信号后,用[MODE](模式)键或 PRESENTATION MODE(显示模式)方框选择显示模式。

3. 显示模式说明

(1) 船首向上模式

船首向上模式显示屏中连接本船与显示屏顶部的线条表示本船船首方向。目标尖头信号显示为彩色,在所测距离上其方向相对于本船船首方向。方位刻度上的短线是真北标记,表示船首方向传感器真北方向。船首方向传感器输入出错时,真北标记消失,读数显示为 * * * . *°,屏幕右下角显示红色"HDG SIG MISSING"(HDG 信号丢失)。

(2) 航向向上模式

航向向上模式为方位角稳定显示。屏幕上连接屏幕中心与屏幕顶部的线条表示本船预定航向(即选择该模式之前的本船船首方向)。

目标尖头信号显示为彩色，在所测量的距离上其方向相对于预定航向。该信号始终位于“0”度位置。艏线随船只偏航及航向变化而移动。该模式有助于避免航向改变时画面出现曳尾重影。

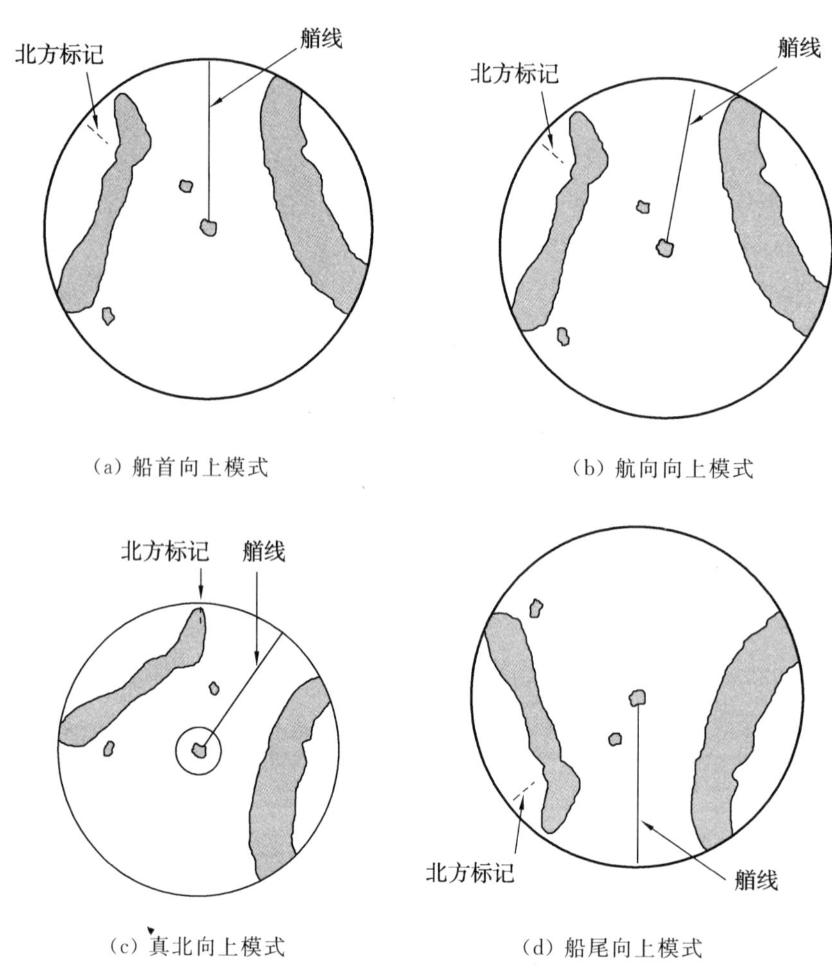

(a) 船首向上模式

(b) 航向向上模式

(c) 真北向上模式

(d) 船尾向上模式

图 2-7 雷达显示模式

(3) 真北向上模式

在真北向上模式中，目标尖头信号显示为彩色，在所测量的距离上其真方向相对于本船，真北方位始终位于屏幕顶部。艏线方向随船只船首方向改变而改变。

罗经出现故障时，显示模式变为船首向上，真北标记消失。同时，HDG 读数显示为＊＊＊.＊°。并且在屏幕的右下角显示红色“HDG SIG MISSING”(HDG 信号丢失)。

(4) 船尾向上模式

将船首向上模式画面、相对方位和真方位以及显示图解转动 180°，便是船尾向上模式。该模式对双雷达拖船有帮助：一个雷达显示船首向上，另一个雷达显示船尾向上。要启用船尾向上模式，在 7 OPERATION(操作)菜单上打开 STERN-UP(船尾向上)。

船尾向上无法用于 IMO 或 A 型雷达。

(5) 真运动模式

本船及其他移动物体按其真实航向和航速移动。在地面稳定真运动模式中,全部固定目标(如陆地)显示为静止回波。在无流向和流速输入的海面稳定真运动模式中,陆地可以在屏幕上移动。注意:真运动不适用于 72 n mile(仅非 IMO 型)或 96 n mile量程。若 COG 和 SOG(两者均对地)不能使用 TM 模式,则参照潮汐表输入流向(潮汐方向)和流速(潮汐速度)。

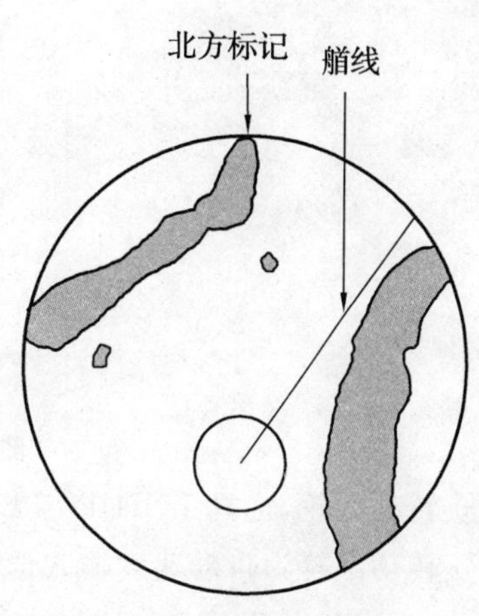

图 2-8 真运动模式

当本船到达屏幕半径 50%处时,本船位置会沿着与艏线延伸方向相反的方向自动复位到另一侧半径的 75%处。可以按下[CU/TM RESET]键,手动恢复本船符号,或转动跟踪球在显示器右下角选择 CU/TMRESET 方框并按下左按钮。

船首方向传感器出现故障时,显示模式变为船首向上,真北标记消失。另外,HDG 读数显示为 * * * . *°,屏幕右下角显示红色"HDG SIG MISSING"(HDG 信号丢失)。

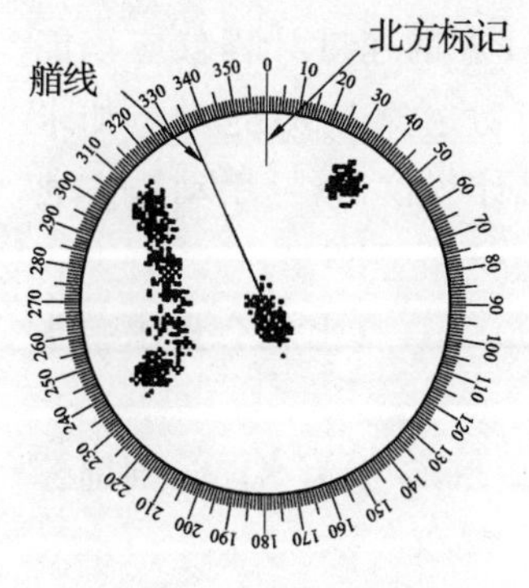

(a) 选定真运动

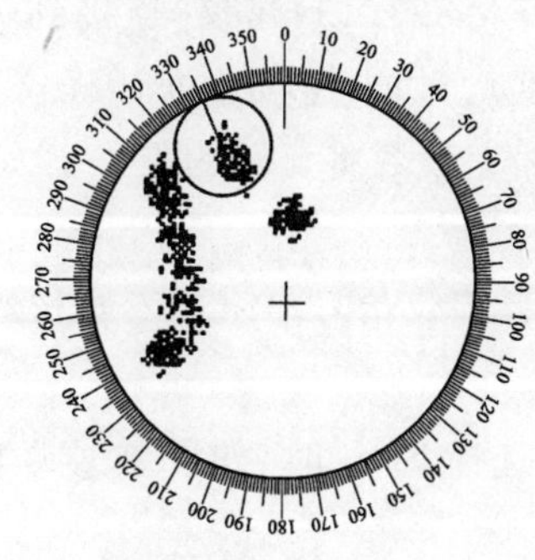

(b) 本船已经到达显示屏半径 75%的位置

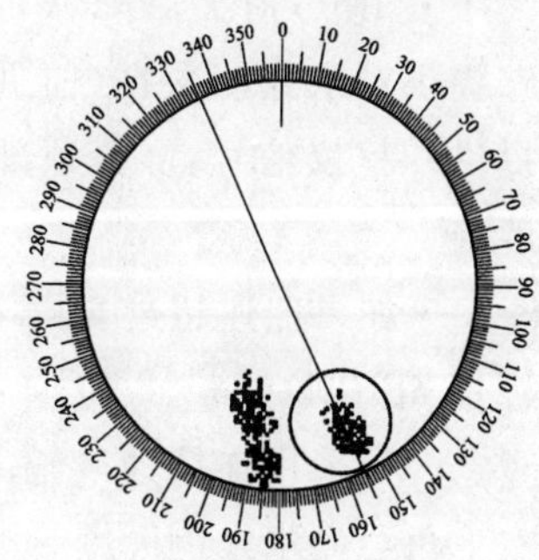

(c) 本船自动复位到半径 75%的位置

图 2-9 在真运动模式下自动复位本船标记

四、输入本船速度

ARP 和方位角稳定显示模式都需要本船速度输入和罗经信号。可以从计程仪:(STW)或 GPS(SOG)或以手动方式从菜单输入速度。注意:FURUNO GPS 导航仪 GP-90 提供 COG 和 SOG。

1. 使用计程仪或 GPS 导航仪自动输入速度

① 转动跟踪球,将箭头置于屏幕右上角的 SPD 方框内。

② 按右按钮显示 SPEED(速度)菜单。

```
[SPEED MENU]
1  SHIP SPEED
   LOG(BT)/LOG(WT)/
   GPS/MANUAL/REF
2  MANUAL SPEED
   0.0 kt
3  SET DRIFT
   OFF/ON
```

图 2-10 SPEED 菜单

③ 转动滚轮,选择 1 SHIP SPEED(船只速度),然后按下滚轮或左按钮。

④ 转动滚轮为自动速度输入选择合适的源,然后按下滚轮或者左按钮。

LOG(BT):计程仪、对地速度(SOG)。注意:如果没有输入流速和流向,计程仪无法生成深水中的 BT(水底跟踪)速度。

LOG(WT):计程仪、对水速度(STW)。

GPS:使用 GPS 导航仪输入速度。

⑤ 按右按钮关闭菜单。

速度输入注意事项:

· IMO 有关 ARPA 的决案 A823(19)建议,连接到 ARPA 的速度计程仪应该能够提供对水速度数据(前进速度)。如未连接速度计程仪,切勿选择 LOG 选项。如未提供计程仪信号,屏幕顶部的船速读数将显示为空白。如果计程仪出错,手动输入速度。

· 如果船速超过 5 kn* 时计程仪信号显示都不会持续 30 s,屏幕上就会显示警告标签 SPEED * *. * 和 LOG。

· 当采用连续速度输入并选择 SOG 时,如果数据类型由 SOG 变为 STW,则屏幕右上角会显示红色标签 SOG。

· 当 AIS 功能处于活动状态时,MANUAL 和 REF 呈灰色,表示无法选择。

2. 手动速度输入

如果速度计程仪没有运行,按照以下方法手动输入速度。此时,速度数据类型显示为 MANUAL(手动),并且是对水速度(STW)。注意:对于 IMO 规格的雷达,当 AIS 功能处于活动状态时,手动速度输入不可用。

① 转动跟踪球,将箭头置于屏幕右上角的 SPD 方框内;

② 按右按钮显示 SPEED(速度)菜单;

③ 转动滚轮,选择 1 SHIP SPEED(船只速度),然后按下滚轮或左按钮;

---

* kn 为节符号,1 kn=1 n mile/h=(1 852/3 600)m/s。

④ 转动滚轮，选择 MANUAL(手动)，然后按下滚轮或左按钮；

⑤ 转动滚轮，选择 2 MANUAL SPEED(手动速度)，然后按下滚轮或左按钮；

⑥ 转动滚轮设置速度(对于键盘输入，使用数字键)；

⑦ 按下滚轮，完成操作；

⑧ 按右按钮关闭菜单。

五、选择量程

屏幕左上角显示已选定的量程、距离圈间隔和脉冲长度。当关注目标逼近时，可以减小量程，使目标始终位于显示屏半径的 50%～90%处。

(1) 操纵键盘

使用[RANGE]键选择所需距离。点击键的"+"部分增加距离；点击"−"部分减小距离。

(2) 操纵跟踪球

① 转动跟踪球，在屏幕左上角选择 RANGE(距离)方框。导视框显示"RANGE DOWN/RANGE UP"(距离减小/距离增加)。

② 按左按钮减小距离；按右按钮增加距离。也可以通过转动滚轮选择距离，然后按下滚轮或左按钮。

0.125 NM /0.025

图 2-11 RANGE 方框

六、选择脉冲长度

当前使用的脉冲长度以指示符形式(表 2-3)显示在屏幕左上方。

表 2-3 标签和脉冲长度

指示符	脉冲长度(μs)
S1(短脉冲 1)	0.07
S2(短脉冲 2)	0.15
M1(中脉冲 1)	0.3
M2(中脉冲 2)	0.5
M3(中脉冲 3)	0.7
L(长脉冲)	1.2

*：S、M1、M2 和 L 用于 FAR-2157(-BB)和 S-波段雷达。

合适的脉冲宽度已经预设到单独的量程和功能键。如果不满意当前脉冲长度设置，可按照以下方法进行更改。

1. 选择脉冲长度

可以按照以下方法选择0.5～24n mile量程的脉冲长度：

① 转动跟踪球，在屏幕左边选择PICTURE(画面)方框。

注意：PICTURE(画面)方框根据预期用途设置雷达画面，如港口领航、长距离、短距离等。

② 按右按钮显示PICTURE(画面)菜单。

③ 转动滚轮选择8[PULSE](脉冲)，然后按滚轮。

④ 转动滚轮，选择一个距离，然后按下滚轮或左按钮。

⑤ 转动滚轮，选择所需脉冲长度，然后按下滚轮或左按钮。

⑥ 按两次右按钮关闭菜单。

```
[PICTURE MENU]
1  INT REJECT
   OFF/1/2/3
2  ECHO STRETCH
   OFF/1/2/3
3  ECHO AVERAGE
   OFF/1/2/3
4  NOISE REJ
   OFF/ON
5  AUTO STC
   OFF/ON
6  AUTO RAIN
   OFF/1/2/3/4
7  VIDEO CONTRAST
   1/2/3/4/
   A/B/C
8  [PULSE]
9  [CONDITION]
0  DEFAULT(ENTERX3)
```

图 2-12 PICTURE 菜单

```
[PULSE MENU]
1  BACK
2  0.5NM
   S1/S2
3  0.75NM
   S1/S2/M1
4  1.5NM
   S1/S2/M1
5  3NM
   S2/M1/M2/M3
6  6NM
   M1/M2/M3/L
7  12–24NM
   M2/M3/L
```

脉冲菜单

(12、25 kW X-波段)

```
[PULSE MENU]
1  BACK
2  0.75NM
   S/M1
3  1.5NM
   S/M1
4  3NM
   M1/M2
5  6NM
   M2/L
6  12–24NM
   M2/L
```

脉冲菜单

(50 kW X-波段、全部 S-波段)

图 2-13 PULSE 菜单

2. 改变脉冲长度

① 转动跟踪球，在屏幕左边选择PULSELENGTH(脉冲长度)方框。导视框显示“PULSE NARROW/PULSE WIDE”(窄脉冲/宽脉冲)。

② 按左按钮减小脉冲长度；按右按钮增加脉冲长度。也可以通过转动滚轮选择脉冲长度，然后按下滚轮或左按钮。

```
PULSE XX*
```

*XX=脉冲宽度设置

图 2-14 PULSELENGTH 方框

七、调整灵敏度

增益控制按钮可以调整接收器的灵敏度。

当背景噪讯刚好在屏幕上可见，此时的设置最合适。设置的灵敏度太低，会丢失较弱的回波；灵敏度过高，则会产生太多的背景噪讯。信号较强的目标可能会因所需回波和显示屏上背景噪讯之间的对比度过低而丢失。

要调节接收器的灵敏度，调整增益控制按钮，使背景噪讯刚好在屏幕上可见。

(1) 操纵键盘

监视屏幕顶部增益级别指示符的同时，操纵[GAIN](增益)控制按钮，调整灵敏度。

(2) 操纵跟踪球

转动跟踪球，将箭头置于屏幕顶部的增益级别指示器内。向下转动滚轮增加增益，或向上转动降低增益。有 100 个可用级别(0～100)。

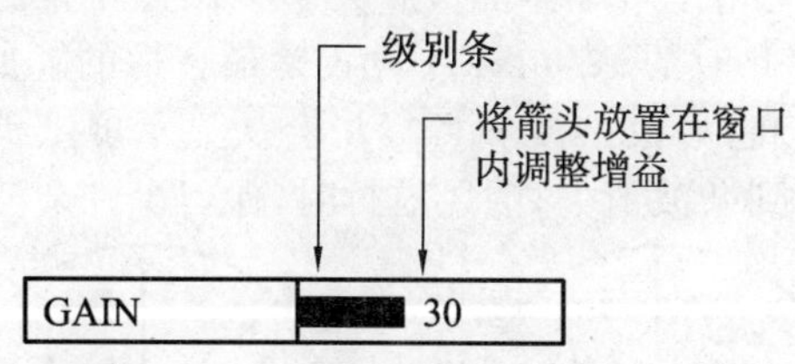

图 2-15　GAIN 级别指示符

八、抑制海浪杂波

波浪的回波可以产生称为“海浪杂波”的随机信号，并遮盖显示屏的中心部分。波浪越大，天线超出水面越高，则杂波越强。当海浪杂波遮盖画面时，使用 A/C SEA 控制按钮以手动或自动方式进行抑制。

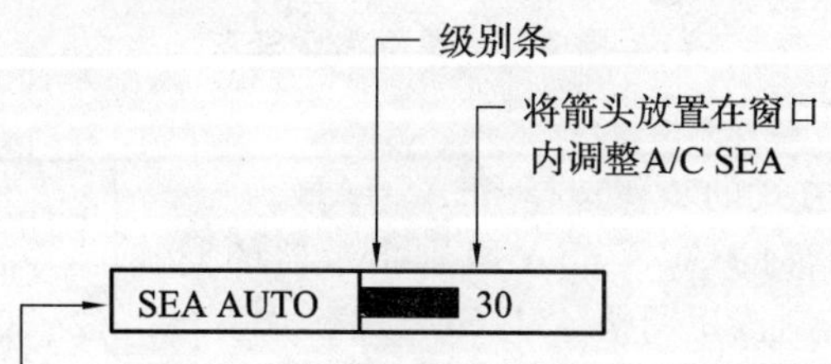

图 2-16　A/C SEA 级别指示符

1. 选择调整方式

① 转动跟踪球，选择显示器顶部的 SEA AUTO 或 SEA MAN(取显示者)；

② 按左按钮显示相应的 SEA AUTO 或 SEA MAN。

2. 通过 A/C SEA 控制按钮进行自动调整

Auto A/C SEA 允许微调 A/C SEA 电路，调整范围为±20 dB。因此，当级别条读数设置为 100 时，由于手动 A/C SEA 在邻近距离上，增益不会减低到最小值。而且，因为原始输入回波的平均值在没有海面反射的地区处于较低位置，所以自动 A/C SEA 的级别较低。例如，当船只停靠码头时，雷达画面显示来自陆地和海洋的回波；由于 STC 曲线随回波的大小而不同，可以观测到回波的大小。

注意:自动 A/C 功能可以消除微弱的目标回波。观察显示屏的同时,小心调节控制按钮。

(1) 操纵键盘

① 按照选择调整方式的步骤选择 SEA AUTO。

② 观察 A/C SEA 级别指示器的同时,使用[A/C SEA]控制按钮调整 A/C SEA。有 100 个可用级别(1~100)。

(2) 操纵跟踪球

① 转动跟踪球,选择显示器顶部的 SEA AUTO 或 SEA MAN(取显示者)。

② 按左按钮显示相应的 SEA AUTO 或 SEA MAN。

3. 手动调整 A/C SEA

A/C SEA 控制按钮可以减小短距(杂波最强)回波的放大率,随着距离增加逐渐提高放大率,因此在没有海浪杂波的距离上,放大率将保持正常。若杂波分解为小点,并且较小目标也变得清晰,此时的 A/C SEA 设置是最合适的。如果设置太低,目标会隐藏在杂波中;如果设置太高,海浪杂波和目标将会从显示屏上消失。多数情况下,逆风航行时,调整控制按钮直到杂波消失;顺风航行时,保留少许杂波可见。

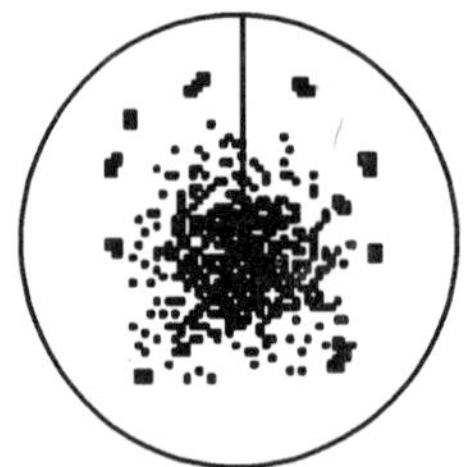

(a) 位于屏幕中心的海浪杂波

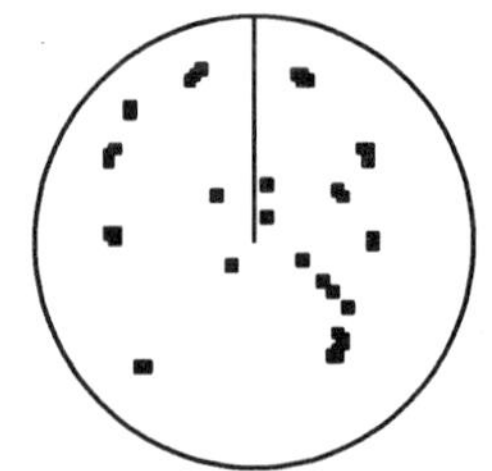

(b) A/C SEA 已经调好;海浪杂波削弱

图 2-17 调整 A/C SEA

(1) 操纵键盘

① 按照选择调整方式的步骤选择 SEA MAN。

② 观察显示器顶部的 A/C SEA 级别指示器的同时,使用[A/C SEA]控制按钮调整 A/C SEA。有 100 个可用级别(0~100)。

(2) 操纵跟踪球

① 按照选择调整方式中的步骤选择 SEA MAN。

② 转动跟踪球,将箭头置于显示器顶部的 A/C SEA 级别指示器上。

③ 观察 A/C SEA 级别指示器的同时,向下转动滚轮减少 A/C SEA 或者向上转动滚轮增加 A/C SEA。有 100 个可用级别(0~100)。

九、抑制雨滴杂波

使用 AUTO RAIN 和 A/C RAIN 抑制雨滴杂波。AUTO RAIN 抑制画面上的雨滴杂波,A/C RAIN 抑制天线拾取的杂波。

[PICTURE MENU]

1 INT REJECT
OFF/1/2/3

2 ECHO STRETCH
OFF/1/2/3

3 ECHO AVERAGE
OFF/1/2/3

4 NOISE REJ
OFF/ON

5 AUTO STC
OFF/ON

6 AUTO RAIN
OFF/1/2/3/4

7 VIDEO CONTRAST
1/2/3/4/
A/B/C

8 [PULSE]

9 [CONDITION]

0 DEFAULT(ENTERX3)

图 2-18 PICTURE 菜单

1. 打开或关闭 AUTO RAIN

① 转动跟踪球，在屏幕左边选择 PICTURE(画面)方框。

② 按右按钮显示 PICTURE(画面)菜单。

③ 转动滚轮选择 6 AUTO RAIN，然后按下滚轮。

④ 转动滚轮，选择所需 AUTO RAIN 设置。数值越大，雨滴杂波抑制的级别就越高。OFF 可关闭 AUTO RAIN 功能。

⑤ 按右按钮关闭菜单。

2. 调整 A/C RAIN

天线的垂直波束宽用于发现水面目标(即使船只正在摇摆旋转)。然而，这种设计也可以监测雨滴杂波(雨、雪或冰雹等)，其工作原理与监测正常目标相同。与 A/C SEA 控制按钮一样，A/C RAIN 控制按钮也可以调整接收器灵敏度，但调整时间更长(距离更远)。设置值越高，抑制海浪杂波效果就越好。当雨滴杂波遮盖了实际目标时，调节 A/C RAIN 控制按钮可将这些多余的回波分散为小斑点，使实际目标更容易辨认。

(a) 真目标轨迹(静止目标无曳尾重影)

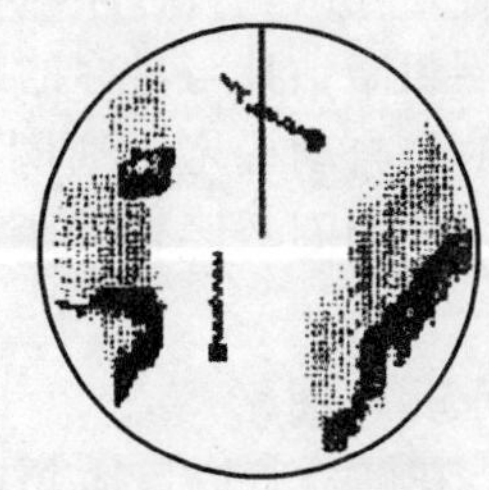

(b) 相对目标轨迹目标相对本船移动

图 2-19 雨滴杂波图示

(1) 操纵键盘

使用[A/C RAIN]控制按钮，调节 A/C RAIN。

(2) 操纵跟踪球

① 转动跟踪球，将光标置于显示器右上角的 A/C RAIN 级别指示符上。

② 观察 A/C RAIN 级别指示符的同时，向下转动滚轮减小 A/C RAIN 或者向上转动滚轮增加 A/C RAIN。有 100 个可用级别(0～100)。

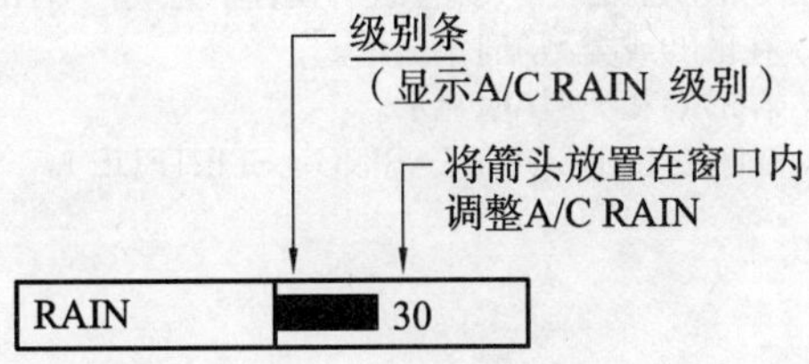

图 2-20 A/C RAIN 级别指示符

[PICTURE MENU]
1 INT REJECT
OFF/1/2/3
2 ECHO STRETCH
OFF/1/2/3
3 ECHO AVERAGE
OFF/1/2/3
4 NOISE REJ
OFF/ON
5 AUTO STC
OFF/ON
6 AUTO RAIN
OFF/1/2/3/4
7 VIDEO CONTRAST
1/2/3/4/
A/B/C
8 [PULSE]
9 [CONDITION]
0 DEFAULT(ENTERX3)

图 2-21 PICTURE 菜单

十、干扰抑制器

靠近另一艘航船时，如果该船雷达使用了相同的频率波段，就会出现相互干扰的情况。屏幕上会出现若干明亮的尖锋信号，这些信号或呈不规则形状，或为辐条状弯曲虚线，从画面中心延伸到画面边缘。启用干扰抑制器电路可减少此类干扰。

干扰抑制器是一种信号相关电路。它将接收的信号与连续发射信号进行比较，然后抑制那些随机产生的信号。干扰抑制分三个等级，具体取决于所关联的发射信号数量。

① 转动跟踪球，在屏幕左边选择 PICTURE(画面)方框。

② 按右按钮显示 PICTURE(画面)菜单。

③ 转动滚轮选择 1 INT REJECT(抑制干扰)，然后按下滚轮。

④ 转动滚轮，选择所需抑制级别，然后按下滚轮或左按钮。"3"提供最高级别的抑制。

⑤ 按右按钮关闭菜单。

十一、测量距离

可通过以下 3 种途径测量目标距离：使用固定距离圈、使用光标或使用 VRM。

使用固定距离圈粗略估计与目标的距离。距离圈是围绕本船(或扫描原点)的实线同心圆。选定距离时会自动确定距离圈的数量，屏幕左上方显示距离圈的间隔。计算显示屏中心与目标之间的圈数。查看距离圈间隔，然后从最近圈的内缘确定回波的距离。

1. 打开/关闭距离圈

① 转动跟踪球，在屏幕右边选择 MENU(菜单)方框。右下角的导视框显示"DISP MAIN MENU"(显示主菜单)。

② 按左按钮显示 MAIN(主)菜单。

③ 转动滚轮，选择 2[MARK](标记)，然后按下滚轮或左按钮。

```
    [MARK]
1   BACK
2   OWN SHIP MARK
    OFF/ON
3   STERN MARK
    OFF/ON
4   INDEX LINE BEARING*1
5   INDEX LINE*2
1/2/3/6
6   INDEX LINE MODE*3
    VERTICAL/HORIZONTAL
7   [BARGE MARK]
8   EBL OFFSET BASE
    STAB GNK/STAB HDG/
    STAB NORTH
9   [EBL,VRM,CURSOR SET]*4
0   RING
    OFF/ON
```

*1 类型W显示INDEX LINE1（刻度线1）。与INDEX LINE（刻度线）选择相同。

*2 类型W显示INDEX LINE2（刻度线2）。与INDEX LINE（刻度线）选择相同。

*3 当INDEX LINE（刻度线）设置不为"1"时出现。在IMO或类型A时不显示。

*4 在IMO和类型A时显示。9 EBL CURSOR BEARING（RLE/TRUE）。

图 2-22 MARK 菜单

④ 转动滚轮,选择 0 RING,然后按下滚轮或左按钮。

⑤ 根据需要,转动滚轮选择 OFF 或 ON,然后按下滚轮或左按钮。

⑥ 按两次右按钮关闭菜单。

2. 通过可变距标(VRM)测量距离

此处有两个 VRM,No. 1 和 No. 2。由于它们显示为虚线圈,因此可以轻易地将它们与固定距离圈分开。另外,还可以通过虚线的长短来分辨这两种 VRM。

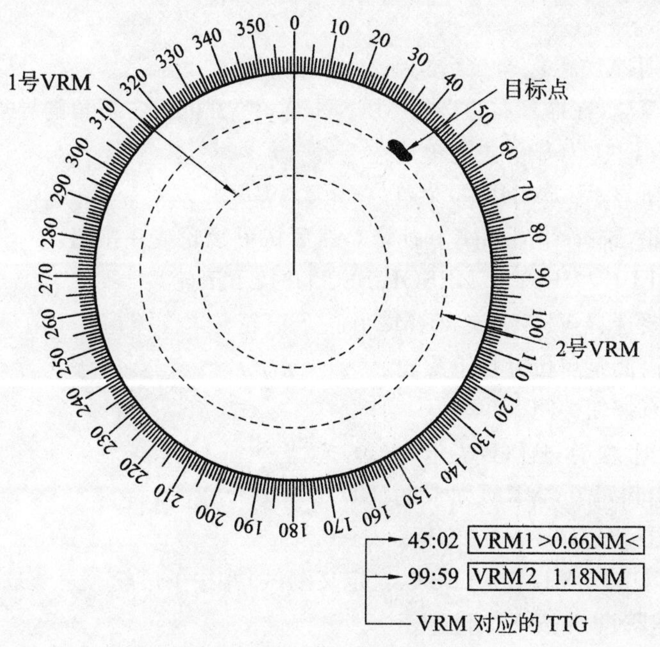

图 2-23 通过 VRM 测量距离

(1) 操纵键盘

① 按[VRM ON](可变距标开)键显示任意一种 VRM(可变距标)。连续按[VRM ON]键可在 No. 1 和 No. 2 之间切换活动的 VRM。当前活动的标记用“＞＜”圈住。

② 操纵 VRM 旋转式控制按钮,将可变距标与关注目标的内边缘对齐,然后读取屏幕右下角的距离值。操纵[RANGE](距离)键或 RANGE(距离)方框时,全部的 VRM 将保持在同样的地理距离上。这意味着 VRM 圈的视半径将按比例随选定量程改变。

③ 按[VRM OFF]键清除全部的 VRM。

(2) 操纵跟踪球

① 转动跟踪球,将箭头置于想使用的 VRM1 或 VRM2 方框内。

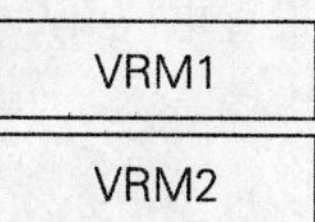

图 2-24 VRM 方框

② 导视框显示内容为“VRM ON/”。按左按钮开启 VRM。导视框的显示内容为“VRM SET L＝DELETE/”。

③ 再次按下左按钮,光标跳到有效显示区域内。导视框的显示内容为“VRM FIX/EXIT”(固定 VRM/退出)。

④ 转动跟踪球或微调滚轮，将活动的可变距标与关注目标的内边缘对齐，然后读取屏幕右下角的距离值。操纵[RANGE]键时，全部的 VRM 将保持在同样的地理距离上。这意味着 VRM 圈的视半径将按比例随选定量程改变。

⑤ 按下左按钮，固定 VRM 及其读数，或按右按钮，使 VRM 返回到先前位置（距离）。

⑥ 要清除 VRM，选择适当的 VRM 读数框，然后按左按钮，直到 VRM 从屏幕上消失。

3. 选择 VRM 测量单位（类型 B、C 和 W）

① 转动跟踪球，在屏幕右边选择 MENU（菜单）方框。右下角的导视框显示内容为"DISP MAIN MENU"（显示主菜单）。

② 按左按钮显示 MAIN（主）菜单。

③ 转动滚轮，选择 2[MARK]（标记），然后按下滚轮或左按钮。

④ 选择 9[EBL，VRM，CURSOR SET]并按下滚轮。

⑤ 根据需要选择 VRM1 或 VRM2 并按下滚轮。

⑥ 选择所需测量单位并按下滚轮。

⑦ 按两次右按钮关闭菜单。

4. VRM 对应的 TTG 显示

按照以下步骤，显示 VRM 对应的 TTG：

① 左键单击 MENU（菜单）方框。

② 选择 9CUSTOMIZE・TEST（自定义测试）并按下滚轮。

③ 选择 0NEXT 并按下滚轮。

④ 选择 3VRM TTG 并按下滚轮。

⑤ 根据需要选择 OFF、1、2 或者 1+2 并按下滚轮。

OFF：没有 VRM TTG 显示

1：VRM1 对应的 TTG

2：VRM2 对应的 TTG

1+2：VRM1 和 VRM2 对应的 TTG

⑥ 按四次右按钮关闭菜单。

十二、测量方位

使用电子方位线（EBL）测量目标方位。有两种 EBL，No. 1 和 No. 2。每条 EBL 是一根直虚线，从本船位置最远延伸到雷达画面的周边。清晰的虚线是 No. 1 EBL，模糊的虚线是 No. 2 EBL。

1. 测量方位

（1）操纵键盘

① 按[EBL ON]键显示任意一根 EBL。连续按[EBL ON]键可在 No. 1 和 No. 2 之间切换活动的 EBL。活动的标记用"＞＜"圈住。

② 顺时针或逆时针操纵 EBL 旋转式控制按钮，直到活动的 EBL 将关注目标一分

为二，然后从屏幕左下角读取方位值。

注意：每条 EBL 都带有一个距标（一条以直角交叉的短线）。不论是否显示了对应的 VRM，这个距标到 EBL 原点的距离都会显示在 VRM 读数上。当转动 VRM 控制按钮时，距标会沿着 EBL 改变位置。

③ 按[EBL OFF]键清除全部 EBL。

（2）操纵跟踪球

① 转动跟踪球，将箭头置于想使用的 EBL1 或 EBL2 方框内。

② 导视框显示内容为“EBL ON/”。按左按钮开启 EBL。导视框的显示内容为“EBL SET L＝DELETE/”。

③ 再次按下左按钮，光标跳到有效显示区域内。导视框的显示内容为“EBL FIX L＝DELETE/”。

EBL1
EBL2

图 2-25　EBL 方框

④ 转动跟踪球或微调滚轮，用 EBL 将目标一分为二。

注意：每条 EBL 都带有一个距标（一条以直角交叉的短线）。不论是否显示了对应的 VRM，这个距标到 EBL 原点的距离都会显示在 VRM 读数上。当转动 VRM 时，距标会沿着 EBL 改变位置。

⑤ 按下左按钮，固定 EBL 和它的读数，或者按下右按钮，使 EBL 返回到先前位置（方位）。

⑥ 要清除 EBL，选择适当的 EBL 读数框，然后按左按钮，直到 EBL 从屏幕上消失。

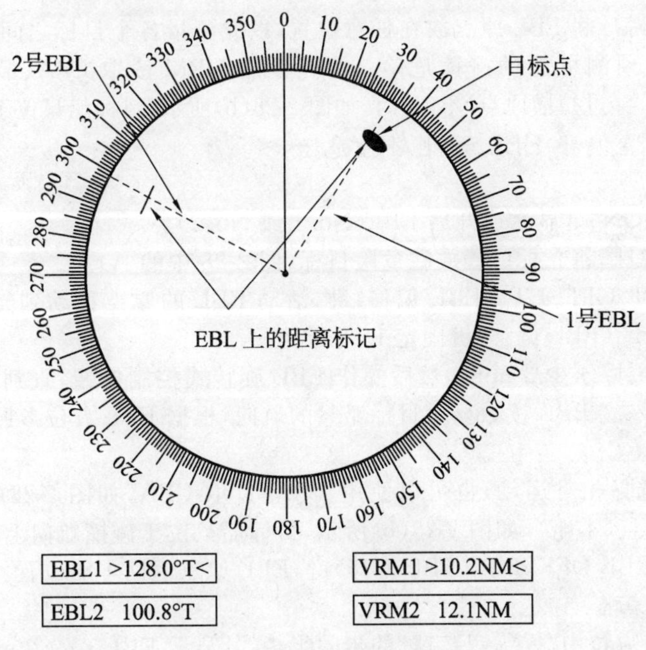

图 2-26　通过 EBL 测量方位

2. 选择真或相对方位

如果 EBL 读取值是相对本船船首，读数后加“R”（相对方位）；如果是参照北方读取的，则加“T”（真方位）。在船首向上模式中可以选择相对或真；在其他模式中则始终为 TRUE（真）。要在船首向上模式中选择方位参照，需执行以下步骤：

① 转动跟踪球，选择 MENU（菜单）方框，然后按下左按钮，打开 MAIN（主）菜单。

② 转动滚轮，选择 2 MARK（标记），然后按下滚轮或左按钮，打开 MARK（标记）菜单。

③ 转动滚轮选择 9［EBL，VRM，CURSOR SET］（类型 B、C 和 W）或 9 EBL CURSOR BEARING（IMO 和类型 A）并按下滚轮或左按钮。对于类型 B、C 和 W，出现如图 2-27 所示菜单，转至步骤④；对于 IMO 和类型 A，转至步骤⑤。

④ 根据需要，转动滚轮选择 EBL1 或 EBL2，然后按下滚轮或左按钮。

⑤ 根据需要选择 REL（相对）或 TRUE（真）并按下滚轮。

⑥ 按两次右按钮关闭菜单。

注意：当电罗经船首方向改变，EBL 和其指示变化如下。

```
[EBL, VRM, CURSOR SET]

1 BACK
2 EBL1
  REL/TRUE
3 EBL2
  REL/TRUE
4 VRM1
  NM/SM/km/kyd
5 VRM2
  NM/SM/km/kyd
6 CURSOR BEARING
  REL/TRUE
7 CURSOR RANGE
  NM/SM/km/kyd
```

图 2-27 EBL，VRM，CURSOR SET 菜单

船首向上，相对：EBL 指示和 EBL 保持不变。船首向上，真：EBL 指示保持不变；EBL 移动。航向向上，真：EBL 指示和 EBL 保持不变。真北向上，真：EBL 指示和 EBL 保持不变。

十三、通过偏移 EBL 预测碰撞

可以操纵跟踪球将 EBL 原点放在任意位置，以此测量各个目标之间的距离和方位。该功能也可用来预测可能的碰撞危险。可能使用 VRM 读取 CPA（最接近点），见图 2-28(a)。当 EBL 穿过扫描原点（本船）时，如图 2-28(b)所示，目标船只位于碰撞航向上。

1. 如何通过偏移 EBL 预测碰撞危险

(1) 操纵键盘

① 按［EBL ON］键显示或开启 EBL（No. 1 或 No. 2）。

② 操纵跟踪球，将光标（＋）放在危险目标（图 2-28 中的 A）上。

③ 按下［EBL OFFSET］（EBL 偏移）键，活动 EBL 的原点移动到光标位置。再次按［EBL OFFSET］（EBL 偏移）键固定 EBL 原点。

④ 等待几分钟（至少 3 min），然后操作 EBL 旋转式控制按钮，直到 EBL 将新位置目标（A′）一分为二。EBL 读数显示目标船只的航向，根据 EBL 方位参照的设置可能为真值或相对值。

注意：如果选择相对运动，也可以使用 VRM 读取 CPA，如图 2-28(a)所示。如果 EBL 穿过扫描原点（本船），如图 2-28(b)所示，目标船只位于碰撞航向上。

⑤ 按两次［EBL OFFSET］（EBL 偏移）键，EBL 原点返回本船位置。

(2) 操纵跟踪球

① 按照测量方位中“操纵跟踪球”的步骤①～③，显示 EBL。

② 将光标放置于有效显示区域内，按下左按钮，转动滚轮在导视框内显示“EBL OFFSET/EXIT”（EBL 偏移/退出），按下左按钮。

③ 转动跟踪球，将偏移 EBL 置于危险目标（图 2-28 中的 A）上，然后按下左按钮固定 EBL 原点。

④ 等待几分钟（至少 3 min），然后操作步骤①中的 EBL，直到 EBL 将新位置（A′）

目标一分为二。EBL 读数显示目标船只的航向，根据 EBL 方位参照的设置可能为真值或相对值。要将 EBL 原点返回到屏幕中心位置，在导视窗口中显示“EBL OFFSET/EXIT”(EBL 偏移/退出)，然后按下左按钮。

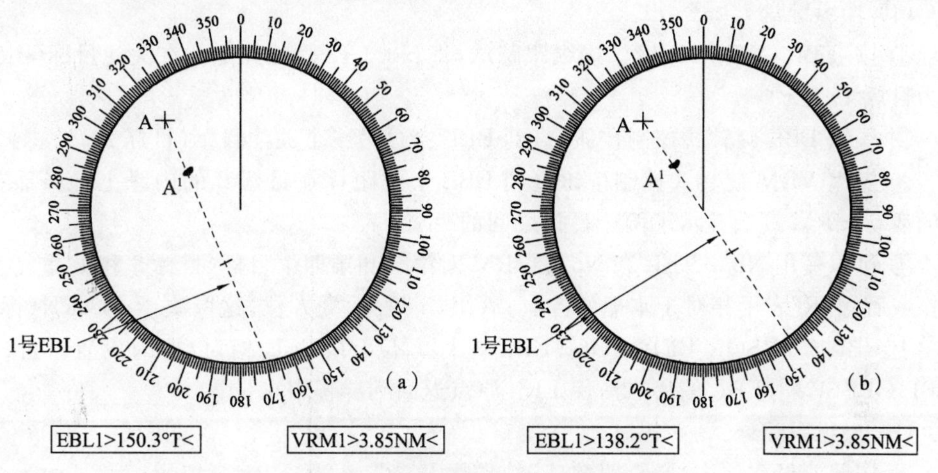

图 2-28 通过偏移 EBL 预测碰撞

2. 选择偏移 EBL 原点的参照点

偏移 EBL 的原点可以是地面稳定(地理上固定)或者参照本船的船首方向(相对)。

① 转动跟踪球，选择 MENU(菜单)方框，然后按下左按钮。

② 转动滚轮，选择 2 MARK(标记)，然后按下滚轮或左按钮，显示 MARK(标记)菜单。

③ 转动滚轮，选择 8 EBL OFFSET BASE，然后按下滚轮或左按钮。

④ 根据需要，转动滚轮选择 STAB GND、STAB HDG 或 STAB NORTH，然后按下滚轮或左按钮。

⑤ 按两次右按钮关闭菜单。

```
   [MARK]
1  BACK
2  OWN SHIP MARK
   OFF/ON
3  STERN MARK
   OFF/ON
4  INDEX LINE BEARING*1
5  INDEX LINE*2
1/2/3/6
6  INDEX LINE MODE*3
   VERTICAL/HORIZONTAL
7  [BARGE MARK]
8  EBL OFFSET BASE
   STAB GNK/STAB HDG/
   STAB NORTH
9  [EBL,VRM,CURSOR SET]*4
0  RING
   OFF/ON
```

*1 类型W显示INDEX LINE1（刻度线1），与INDEX LINE（刻度线）选择相同。

*2 类型W显示INDEX LINE2（刻度线2），与INDEX LINE（刻度线）选择相同。

*3 当INDEX LINE（刻度线）设置不为“1”时出现，在IMO或类型A时不显示。

*4 在IMO和类型A时显示，9 EBL CURSOR BEARING（RLE/TRUE）。

图 2-29 MARK 菜单

十四、测量两个目标之间的距离和方位

（1）操纵键盘

① 按[EBL OFFSET]键。操纵跟踪球，将 No. 1 EBL 的原点放在关注目标（图2-30中为目标 1）上。

② 操纵 EBL 旋转式控制按钮，直到 EBL 穿过另一个关注目标（目标 2）。

③ 操纵 VRM 旋转式控制按钮直到 EBL 上的距标在目标 2 的内缘上。屏幕右下角的活动 VRM 读数显示了两个目标之间的距离。

④ 可以使用 No. 2 EBL 和 No. 2 VRM 对第三和第四个目标（目标 3 和 4）重复上述操作。后缀“R”表示相对于本船的方位；后缀“T”表示真方位，这取决于 MARK（标记）菜单上 EBL CURSOR BEARING（EBL 光标方位）中 EBL 相对/真的设置。再次按[EBL OFFSET]（EBL 偏移）键，使 EBL 原点返回到屏幕中央位置。

（2）操纵跟踪球

① 按照测量方位中“操纵跟踪球”的步骤①～③，显示 EBL。

② 光标在有效显示区域内，按下左按钮，转动滚轮在导视框内显示“EBL OFFSET/EXIT”（EBL 偏移/退出），按下左按钮。

③ 转动跟踪球，将光标放置在目标 1 上，然后按下滚轮。

④ 转动 No. 1 VRM 直到 EBL 上的距标对准目标 2。屏幕右下角的活动 VRM 读数显示了两个目标之间的距离。

⑤ 可以使用 No. 2 EBL 和 No. 2 VRM 对第三和第四个目标（目标 3 和 4）重复上述操作。要将 EBL 原点返回到屏幕中心位置，在导视窗口中显示“EBL OFFSET/EXIT”（EBL 偏移/退出），然后按下左按钮。

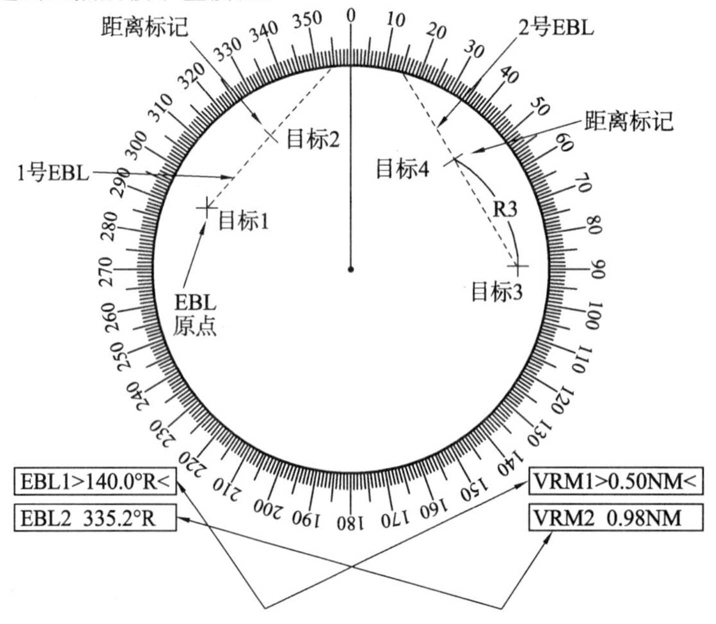

图 2-30 测量两个目标间的距离和方位

十五、设置目标警报

目标(船只、陆地等)进入设置区域时,目标警报会向导航员发出声音和视觉警报。报警区沿径向(深度)的固定宽度为 0.5 n mile,且可在 3.0～6.0 n mile(警戒区 1)之间以及任意距离(警戒区 2)内进行调整。对于非 IMO 雷达,边界可以设置成任意距离。对于全部类型的雷达,报警区的扇区可沿任意方向设置为 0°～360°之间。

1. 如何设置目标警报区

以下步骤将介绍如何设置目标警报区(图 2-32)。

① 转动跟踪球,选择 ALARM1 或 ALARM2 方框。

② 按左按钮。光标跳入有效显示区域,"SET"(设置)出现在选择的 ALARM(警报)方框中。

③ 转动跟踪球将光标放置在"A"点上,然后按左按钮。

④ 转动跟踪球将光标放置在"B"点上,然后按左按钮。在 ALARM(警报)方框内,"WORK"代替"SET"。报警区的线是蓝色的虚线。

ALARM1
ALARM2

图 2-31 警报方框

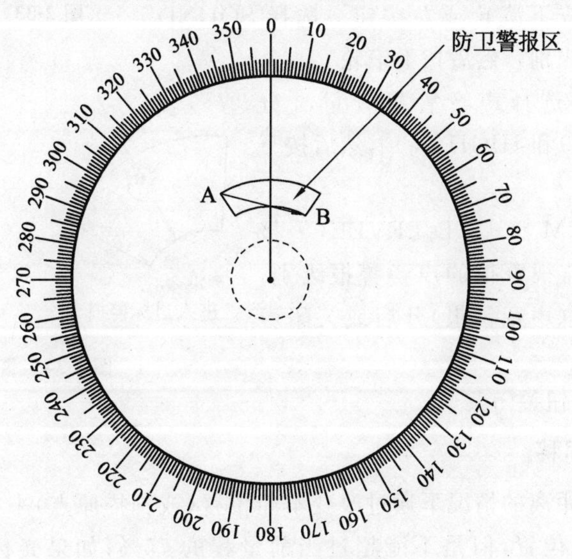

图 2-32 目标警报区

2. 确认目标警报

目标警报区中的目标会触发视觉(闪烁)和声音(蜂鸣声)警报。要消除声音警报,按下完全键盘上的[ALARM ACK](确认警报)键,或者选择合适的 ALARM(警报)方框,然后按下左按钮。ALARM(警报)方框显示"ALARMx ACK"。这只能停止声音警报,而危险目标仍不停地闪烁。要重新启用声音警报,再次按下[ALARM ACK](确认警报)键,或者选择 ALARM(警报)方框,然后按下左按钮。(如果连接了外部蜂鸣器,只有关闭警报区后,声音警报才会停止。)ALARM(警报)方框显示"ALARMx WORK"。

3. 关闭目标警报

① 转动跟踪球,从 ALARM1 或 ALARM2 方框中选择希望关闭的一个警报。

② 按下左按钮直至 ALARM(警报)方框中的警报状态消失。对于 IMO 类型雷达,关闭目标警报区 1 可以关闭目标警报区 2。然而,在非 IMO 雷达中,目标警报区 1 和 2 是独立工作的。

4. 目标警报属性

可以按照以下步骤选择触发警报的回波强度级别,生成目标警报的状态和声音警报的音量。

① 转动跟踪球选择位于屏幕右边的 MENU 框,然后按左按钮。

② 转动滚轮,选择 3[MARK](标记),然后按下滚轮或左按钮。

③ 转动滚轮,选择 2 TARGET ALARM MODE(目标警报模式),然后按下滚轮或左按钮。

④ 根据需要,转动滚轮选择 IN(警戒区)或 OUT(锚位监视),然后按下滚轮或左按钮。选择 SOUND LEVEL(警报声音级别),然后按下滚轮。

⑤ 转动滚轮,选择声音警报音量,[分 LOW(低)、MID(中)和 HIGH(高)],然后按下滚轮。

注意:5 ALARM SOUND LEVEL(警报声音级别)还设置监视警报的声音警报级别。9 AUDIO ALARM(声音警报)开启或关闭声音警报。

⑥ 按两次右按钮关闭菜单。

[ALARM]

1 BACK
2 TARGET ALARM MODE
IN/OUT
3 TARGET ALARM LEVEL
1/2/3/4
4 WATCH ALARM
OFF/6M/10M/
12M/15M/20M
5 ALARM SOUND LEVEL
LOW/MID/HIGH
6 [ALARM OUT1]
7 [ALARM OUT2]
8 [ALARM OUT3]
9 [ALARM OUT4]
0 AUDIO ALARM
OFF/ON

图 2-33 ALARM 菜单

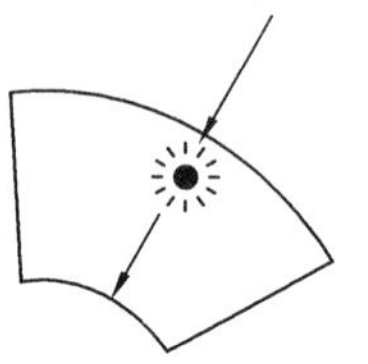

进入目标警报

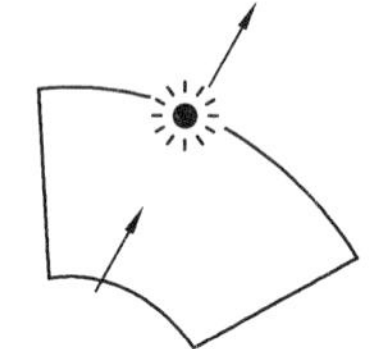

离开目标警报

图 2-34 警报类型

十六、画面偏移

可以在不增加距离的情况下通过改变本船位置(或扫描原点)来扩展视域。扫描原点可以偏移到光标位置,但是不能超过当前量程的 75%;如果光标设置在超出量程 75%的位置,扫描原点将偏移到限定的 75%处。这项功能不适用于 72 n mile(仅非 IMO 类型)或 96 n mile 的量程,也不适用于真运动模式。要偏移雷达画面,请执行以下操作。

(1) 操纵键盘

① 操纵跟踪球,将光标放置在扫描原点需要移动到的位置。

② 按[OFF CENTER]键。然后,扫描原点偏移到光标位置。

③ 再次按[OFF CENTER]键取消偏移。

(2) 操纵跟踪球

① 将光标放置于有效显示区域内,转动滚轮在导视框内显示"OFF CENTER/EXIT"(偏移/退出),按下滚轮或左按钮。

② 转动跟踪球，将光标放置在希望定为屏幕中心的位置。

③ 按下左按钮，偏移扫描原点。

④ 要取消偏移功能，在导视框显示“OFF CENTER/EXIT”(偏移/退出)时按下左按钮。

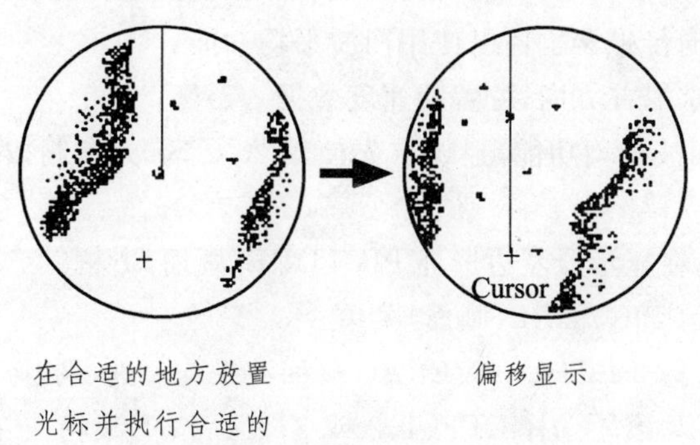

在合适的地方放置光标并执行合适的 OFF CENTER 步骤　　偏移显示

图 2-35　如何偏移画面

十七、回波伸展

回波伸展功能用于放大距离及方位方向上的目标，更便于查看，且在任何距离上均可使用。有三种回波伸展类型(1、2 和 3)；数字越大，伸展功能越强。

注意：回波伸展不仅能够放大目标尖头信号，还能放大海面、雨滴和雷达干扰信号(杂波)。因此，必须确保在启用回波伸展功能前，已经充分抑制了这些干扰。

① 转动跟踪球，在显示器左边选择 PICTURE(画面)方框。

② 按右按钮显示 PICTURE(画面)菜单。

③ 转动滚轮，选择 2 ECHO STRETCH(回波伸展)，然后按下滚轮或左按钮。

④ 转动滚轮，选择所需回波伸展，并按下左按钮。选择的设置出现在左上角。

⑤ 按右按钮关闭菜单。

[PICTURE MENU]
1 INT REJECT
OFF/1/2/3
2 ECHO STRETCH
OFF/1/2/3
3 ECHO AVERAGE
OFF/1/2/3
4 NOISE REJ
OFF/ON
5 AUTO STC
OFF/ON
6 AUTO RAIN
OFF/1/2/3/4
7 VIDEO CONTRAST
1/2/3/4/
A/B/C
8 [PULSE]
9 [CONDITION]
0 DEFAULT(ENTERX3)

图 2-36　PICTURE 菜单

十八、回波平均

回波平均功能可以有效抑制海浪杂波。天线每旋转一周，来自稳定目标(如船只)的回波将显示在屏幕的同一位置。另一方面，不稳定的回波(如海浪杂波)则会随机显示在任意位置。

为了将真正目标回波与海浪回波区分开来，回波会平均分布在连续的图像帧上。分布在连续帧上的稳固回波会以正常强度显示。海浪杂波则会在连续扫描中平均分布，并且亮度降低，因此很容易区分真实目标和海浪杂波。回波平均使用“扫描到扫描”

(scan-to-scan)信号相关技术，该技术依据的是每个目标相对地面的真运动。因此，它可以抑制随机回波(如海浪杂波)并显示静止的小目标(如浮标等)。但在探测相对地面高速运动的小目标方面，真回波平均并不那么有效。

注意：① 船只颠簸摇晃时请不要使用回波平均功能，这样做可能会丢失目标。

② 没有船首方向传感器也可以使用回波平均功能。

③ 回波平均要求船首方向、位置和速度数据。

为了正确使用回波平均功能，建议首先使用 A/C SEA 控制按钮抑制海浪杂波，然后执行如下操作：

① 转动跟踪球，在显示器左边选择 PICTURE(画面)方框。

② 按右按钮显示 PICTURE(画面)菜单。

③ 转动滚轮，选择 3 ECHO AVERAGE(回波平均)，然后按下滚轮或左按钮。

④ 根据需要，转动滚轮选择 OFF、1、2 或 3，然后按下滚轮或左按钮。选择的设置出现在左上角。

OFF：关闭回波平均

1，2：探测隐藏在海浪杂波中的目标。在探测隐藏在强海浪杂波里的目标时，“2”比“1”有效。然而，在显示高速目标时，“1”比“2”有效。选择最适合当前状况的设置。为了有效监控高速船只，应该使用“2”和擦除器。

3：稳定地显示不稳定的目标；区分高速船只与海浪杂波。

⑤ 按右按钮关闭菜单。

十九、目标轨迹

目标的雷达回波轨迹可以用多重余辉的形式显示。目标轨迹可以选择相对或真，并且可以是海面或地面稳定。真运动轨迹要求罗经信号和本船速度输入。

1. 真轨迹或相对轨迹

可以将回波轨迹显示为真运动或相对运动(真运动下只能显示真轨迹)。相对轨迹显示目标和本船之间的相对运动。真运动轨迹需要电罗经信号和本船速度输入，以此消除本船的运动，并根据真目标的对地速度和航向显示其运动。

(a) 真目标轨迹(静止目标无曳尾重影)

(b) 相对目标轨迹目标相对本船移动

图 2-37 目标轨迹

注意：在 RM 模式中选择真轨迹后，屏幕上会显示红色的 TRAIL MODE(轨迹模式)方框。TM 模式中只有真轨迹，因此没有真或相对的选项。

① 转动跟踪球，将箭头放置在屏幕右下角的 TRAIL MODE(轨迹模式)方框上，然后按下右按钮，打开 TRAIL(轨迹)菜单。

② 转动滚轮，选择 1 TRAIL MODE(轨迹模式)，然后按下滚轮。

③ 转动滚轮，选择 TRUE(真)或 REL(相对)，然后按下滚轮或左按钮。

④ 按右按钮关闭菜单。

注意：当使用相对运动显示模式时，“TRUE TRAIL”(真轨迹)呈红色。

```
[TRAIL MENU]
1  TRAIL MODE
   REL/TRUE
2  TRAIL GRAD
   SINGLE/MULTI
3  NARROW TRAIL
   OFF/ON
4  TRAIL LEVEL
   1/2/3/4
5  TRAIL RESTART
   OFF/ON
6  TRAIL COPY
   OFF/ON
7  OS TRAIL
   OFF/ON
8  TRAIL LENGTH
   NORMAL/12H/24H/48H
9  TRAIL HIDI*
   START  00:00
   END    00:00
```

＊当选择 8 TRAIL LENGTH(轨迹长度)为非“NORMAL”(正常)时显示。

图 2-38　TRAIL 菜单

2. 跟踪时间

跟踪时间，轨迹测绘间隔可以按照以下步骤选择：

① 转动跟踪球，将箭头置于屏幕右下角的 TRAIL MODE(跟踪模式)方框内。

```
*TRAIL** ▶
```

*=TRUE或REL

**=跟踪时间设置

图 2-39　TRAIL MODE 方框

② 按下左按钮，在 OFF、15 s、30 s、1 min、3 min、6 min、15 min、30 min 或 CONT(INUOUS)中选择测绘间隔，然后按下滚轮(要在 30 s 和 30 min 之间选择间隔，以 30 s 为增量，转动滚轮)。轨迹间隔越久，目标轨迹越长。持续测绘的时间最大值是 99:59。当计时器数至 99:59 时，计数器复位至零，全部目标轨迹被清除，然后重新开始跟踪。

3. 轨迹色调

余辉可选择为单色调或渐变阴影。

单色调(单个)　　渐变阴影(多个)

图 2-40　轨迹色调

① 转动跟踪球，将箭头置于屏幕右下角的 TRAIL MODE(跟踪模式)方框内。

② 按右按钮显示 TRAIL(轨迹)菜单。

③ 转动滚轮，选择 2 TRAIL GRAD(轨迹色调)，然后按下滚轮或左按钮。

④ 根据需要，转动滚轮选择 SINGLE(单色调)或 MULTI(多色调)，然后按下滚轮或左按钮。

⑤ 按右按钮关闭菜单。

二十、平行刻度线

借助平行刻度线，本船可以在航行时与邻船保持相同的距离。用两条刻度线可供选择，并可显示任意的两条。可以控制方位与刻度线间隔。

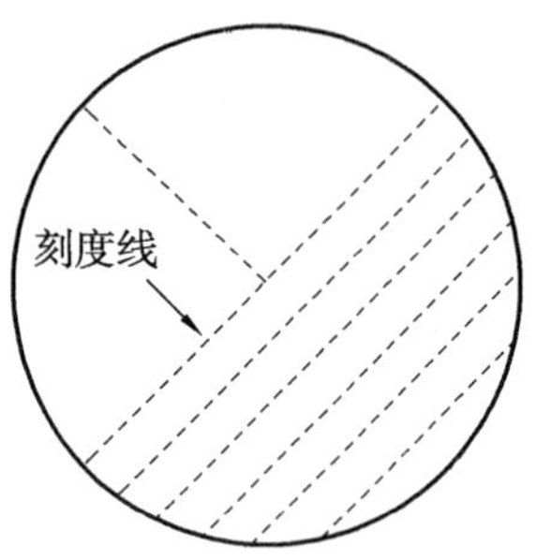

图 2-41　平行刻度线

1. 显示、清除平行刻度线

(1) 操纵键盘

① 菜单关闭时，按[INDEX LINE](刻度线)键。导视框显示“DISP INDEX LINE”(显示刻度线)。

② 观察屏幕左边的 IL(刻度线)方框的同时，按住[INDEX LINE](刻度线)键开启或关闭适用的刻度线。再次按下该键显示(或清除)选择的刻度线。

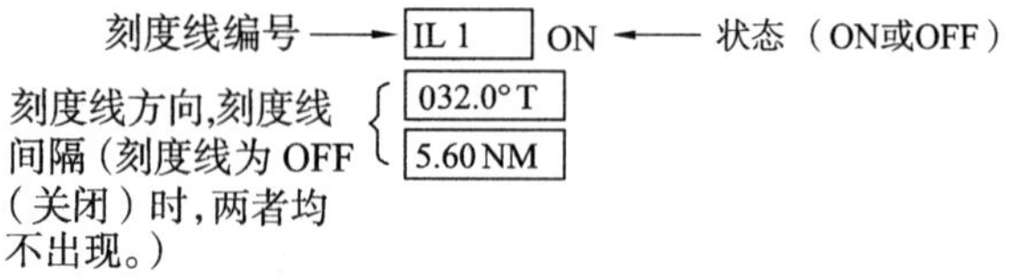

刻度线编号 → IL 1　ON ← 状态（ON或OFF）
刻度线方向，刻度线间隔（刻度线为 OFF（关闭）时，两者均不出现。）{ 032.0°T / 5.60 NM

图 2-42　IL(刻度线)方框

(2) 操纵跟踪球

① 转动跟踪球，将箭头置于屏幕左下角的 IL(刻度线)方框内(图 2-42)。

② 转动滚轮选择刻度线编号，并根据需要按左按钮或滚轮打开或关闭刻度线。

2. 调整刻度线方向和间隔

① 显示希望调整方向的刻度线。

② 转动跟踪球，将箭头放置在位于 IL(刻度线)方框正下方的刻度线方向设置窗口。

③ 转动滚轮，调整刻度线方向，调整范围为 000.0～359.9(°T)。输入一个负值，将刻度线移至与本船位置相反的方向。

④ 转动跟踪球，将光标放置在刻度线间隔设置窗口内。

⑤ 转动滚轮，调整刻度线间隔。

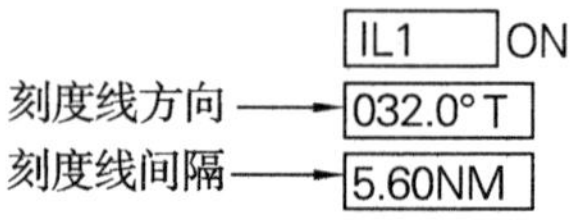

IL1　ON
刻度线方向 → 032.0°T
刻度线间隔 → 5.60NM

图 2-43　调整刻度线方向和间隔

3. 刻度线方位参照

刻度线的方位参照可以相对于本船的船首方向(相对)或者参照北(真),步骤如下。

① 转动跟踪球选择位于屏幕右边的 MENU(菜单)方框,然后按左按钮。

② 转动滚轮,选择 2 MARK(标记),然后按下滚轮或左按钮,显示 MARK(标记)菜单。

③ 转动滚轮,选择 4 INDEX LINE BEARING(刻度线方位),然后按下滚轮或左按钮。

④ 根据需要,转动滚轮选择 TRUE(真)或 REL(相对),然后按下滚轮或左按钮。

⑤ 按两次右按钮关闭菜单。

```
   [MARK]
1  BACK
2  OWN SHIP MARK
   OFF/ON
3  STERN MARK
   OFF/ON
4  INDEX LINE BEARING*1
5  INDEX LINE*2
1/2/3/6
6  INDEX LINE MODE*3
   VERTICAL/HORIZONTAL
7  [BARGE MARK]
8  EBL OFFSET BASE
   STAB GNK/STAB HDG/
   STAB NORTH
9  [EBL,VRM,CURSOR SET]*4
0  RING
   OFF/ON
```

*1 类型W显示INDEX LINE1（刻度线1）。与INDEX LINE（刻度线）选择相同。

*2 类型W显示INDEX LINE2（刻度线2）。与INDEX LINE（刻度线）选择相同。

*3 当INDEX LINE（刻度线）设置不为“1”时出现。在IMO或类型A时不显示。

*4 在IMO和类型A时显示。9 EBL CURSOR BEARING（RLE/TRUE）。

图 2-44　MARK 菜单

4. 刻度线模式

刻度线的方向可以是水平或垂直。当 MARK(标记)菜单中 5 INDEX LINE(刻度线)的设置不是“1”时,此功能可以使用。

① 转动跟踪球选择位于屏幕右边的 MENU(菜单)方框,然后按左按钮。

② 转动滚轮,选择 2 MARK(标记),然后按下滚轮或左按钮,显示 MARK(标记)菜单。

③ 转动滚轮,选择 6 INDEX LINE MODE(刻度线模式),然后按下滚轮或左按钮。

④ 根据需要,转动滚轮选择 VERTICAL(垂直)或 HDRIZONTAL(水平),然后按下滚轮或左按钮。

⑤ 按两次右按钮关闭菜单。

二十一、原点标记

可以使用原点标记功能来标注主要目标或特别关注点。可以输入 20 个原点标记：10 个标准的原点标记(数字)和 10 个符号原点标记。标记可以是地理上固定(地面稳定)或移动状态(海面稳定)。要显示原点标记,需要船首方向信号和本船位置数据。

1. 输入原点标记

① 转动跟踪球,在屏幕左边选择 MARK(标记)方框。此时导视框显示内容为"MARK SELECT/MARK MENU"(标记选择/标记菜单)。

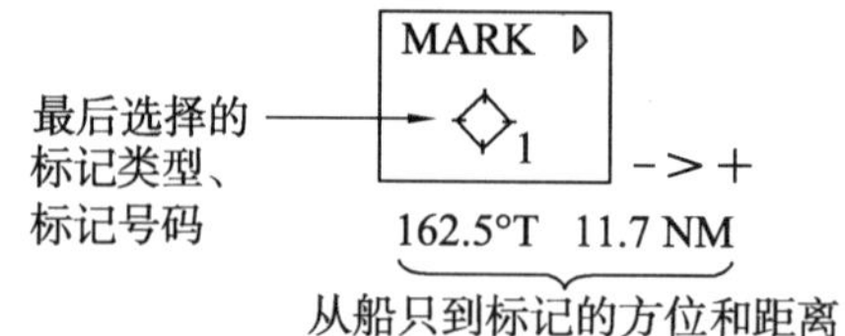

图 2-45 MARK 方框

② 按右按钮打开 MARK(标记)菜单。

```
[MARK MENU]

1  ORIGIN MARK STAB
   GND/SEA
2  MARK KIND
   ORIGIN MARK(NO.)/
   ORIGIN MARK(SYM)/
   MAP MARK/
   WP1~50/
   WP51~100/
   WP101~150/
   WP151~200/
   OWN SHIP SHAPE
8  MARK POSN
   CURSOR/OS/L/L
   00°  000.00N
   00°  0000.00E
9  MAP DISPLAY
   OFF/ON
0  MAP MARK COLOR*
   RED/GRN/BLU/YEL/
   CYA/MAG/WHT
```

* 不适用于IMO或类型A。

图 2-46 MARK 菜单

③ 转动滚轮,选择 2 MARK KIND(标记种类),然后按下滚轮或左按钮。

④ 根据需要,转动滚轮选择 ORIGIN MARK(数字原点标记)或 ORIGIN MARK(符号原点标记),然后按下滚轮或左按钮。选择 ORIGIN MARK (No.)(数字原点标记)标出标准的原点标记(◇)加上标记数字;ORIGIN MARK (SYM)(符号原点标记)标出所需原点标记符号(无数字)。

⑤ 按左按钮。

⑥ 按右按钮关闭菜单。此时导视框显示内容为“MARK SELECT/MARK MENU”(标记选择/标记菜单)。

⑦ 用光标选择 MARK(标记)方框时,转动滚轮选择所需标记编号[步骤④中选择的“ORIGIN MARK (No.)”(数字原点标记)]或者原点标记符号[步骤④中选择的“ORIGIN MARK(SYM)”(符号原点标记)],然后按下左按钮。有以下原点标记可供选择。

图 2-47 原点标记(符号)

⑧ 再次按左按钮。光标跳入有效显示区域,此时导视框显示内容为“MARK/EXIT”(标记/退出)。

⑨ 转动跟踪球将光标放在所需位置。

⑩ 按下左按钮,在光标位置标出原点标记。从原点标记到光标位置的方位和距离位于 MARK(标记)方框的正下方。

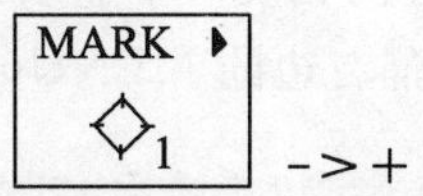

->+

从本船到标记的方位和距离——162.5°T 11.7 NM

图 2-48 标记方框,显示距离原点标记的方位和距离

· 要标出一个不同的标准原点标记数字或符号原点标记,重复步骤⑦~⑩。[应根据需要预先选好 ORIGIN MARK(No.)(数字原点标记)或 ORIGIN MARK(SYM)(符号原点标记)]

· 要放弃输入原点标记,在导视框显示“MARK/EXIT”(标记/退出)时按下右按钮。

· 当光标放在有效显示区域外时,原点标记数据读数为“_ _ _._”。

2. 原点标记稳定

原点标记可以是地理上固定(地面稳定)或移动状态(海面稳定)。

① 转动跟踪球选择 MARK(标记)方框。

② 按右按钮打开 MARK(标记)菜单。

③ 转动滚轮,选择 1 ORIGIN MARK STAB(原点标记稳定),然后按下滚轮。

④ 根据需要,转动滚轮选择 GND(地面)或 SEA(海面),然后按下滚轮或左按钮。

⑤ 按右按钮关闭菜单。

3. 删除单个原点标记

以下步骤显示如何删除单个原点标记。注意:原点标记无法集体删除。

① 光标在有效显示区域内,转动滚轮,导视框显示“MARK DELETE/EXIT”(标记删除/退出)。

② 转动跟踪球,将光标放置在希望清除的原点标记上。

③ 按下左按钮或者滚轮清除标记。

④ 要清除另一个原点标记，重复步骤②和③。

⑤ 要结束操作，在导视框显示“MARK DELETE/EXIT”(标记删除/退出)时按下右按钮。

二十二、标记

1. 船首方向标记及艏线

船首方向标记和艏线可用指示船只的船首方向，存在于全部显示模式。艏线是从本船位置到雷达显示区域外边缘的一根线。在船首向上模式中，它位于方位刻度的零度位置；在真北向上和真运动模式中，它会根据船只的方向改变方向。当采用画面偏移显示或处于真北向上或真运动模式时，船首方向标记显示为方位刻度上的一个小圈来指示船首方向。

要暂时清除艏线，查看本船船首正前的目标，按键盘上的[HL OFF]键，或转动跟踪球选择显示屏左下角的 HL OFF 方框，然后按左按钮。除了艏线，还要清除在有效显示内的船尾标记和全部图解。要重新显示艏线等内容，释放该键或左按钮。

2. 船尾标记

船尾标记(点虚线)与艏线方向相反。要显示或清除这个标记，应执行以下步骤：

① 转动跟踪球选择位于屏幕右边的 MENU(菜单)方框，然后按左按钮显示 MAIN(主)菜单。

② 转动滚轮，选择 MARK(标记)，然后按下滚轮或左按钮，显示 MARK(标记)菜单。

③ 转动滚轮，选择 3 STERN MARK(船尾标记)，然后按下滚轮或左按钮。

④ 根据需要，转动滚轮选择 OFF 或 ON，然后按下滚轮或左按钮。

⑤ 按两次右按钮关闭菜单。

3. 真北标记

真北标记显示为短虚线。在船首向上模式中，真北标记会根据罗经信号在方位刻度上来回移动。

4. 本船符号

本船符号“ ”可以在 MARK(标记)菜单上显示或清除。该符号按比例显示船长和船宽。当符号的最大尺寸小于 6 mm 时，符号会消失，本船将表示为一个小点或小圈(取决于当前使用的量程)。船只尺寸应在安装时输入。

① 转动跟踪球选择位于屏幕右边的 MENU(菜单)方框，然后按左按钮显示 MAIN(主)菜单。

② 转动滚轮，选择 MARK(标记)，然后按下滚轮或左按钮，显示 MARK(标记)菜单。

③ 转动滚轮，选择 2 OWN SHIP MARK(本船标记)，然后按下滚轮或左按钮。

④ 根据需要，转动滚轮选择 OFF 或 ON，然后按下滚轮或左按钮。

⑤ 按两次右按钮关闭菜单。

二十三、设置功能键

菜单中提供不常使用的功能。为了在特殊情况下不必打开菜单即可对雷达进行设置，可将功能键 F1～F4 指定到 CUSTOMIZE · TEST(自定义 · 测试)子菜单的任一功能上。

1. 启用功能键

要启用指定到功能键的功能，按下该键立即将雷达设置为预设用途。然后按下该键选择选项。

表 2-4　功能键的默认设置

功能键	默认设置
F1	干扰抑制器
F2	回波伸展
F3	Auto Rain
F4	艏线关闭

2. 设置功能键

按照以下步骤设置功能键。

① 转动跟踪球选择位于屏幕右边的 MENU(菜单)方框，然后按左按钮显示 MAIN(主)菜单。

② 转动滚轮选择[CUSTOMIZE · TEST](自定义 · 测试)，然后按滚轮。

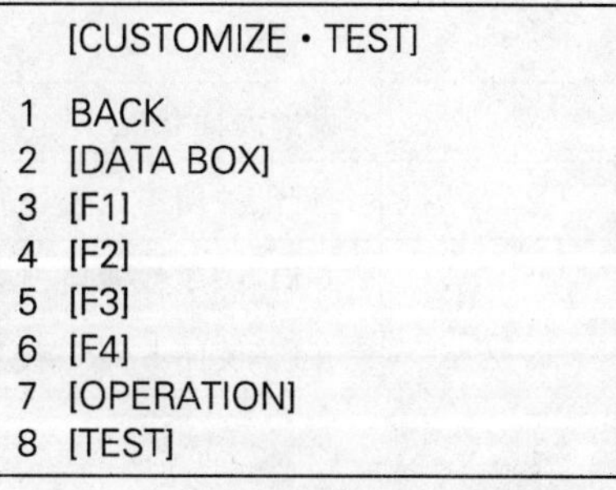

[CUSTOMIZE · TEST]

1 BACK
2 [DATA BOX]
3 [F1]
4 [F2]
5 [F3]
6 [F4]
7 [OPERATION]
8 [TEST]

图 2-49　CUSTOMIZE · TEST 菜单

③ 转动滚轮，从 3[F1]、4[F2] 、5[F3]或 6[F4]中选择想设置的功能键，并按下滚轮或左按钮。例如，选择 3[F1]，然后按左按钮。

[F1]

1 BACK
2 [ECHO]
3 [STD KEY]
4 [ARP · AIS]
5 [OPERATION]
6 [PICTURE]

图 2-50　F1 菜单

④ 转动滚轮，选择合适的类别 ECHO(回波)、STD KEY(STD 键)、ARP · AIS、

OPERATION(操作)或 PICTURE(画面),然后按下滚轮或左按钮。

⑤ 转动滚轮,选择"2",然后按下滚轮或左按钮。

⑥ 转动滚轮,选择所需功能,然后按下滚轮或左按钮。

⑦ 按两次右按钮关闭菜单。

表 2-5 功能键程序说明

项目	说明
[ECHO]	
PICTURE	选择画面设置功能
IR	选择干扰抑制级别
ES	选择回波伸展功能
EAV	选择回波平均功能
NOISE REJ	开启/关闭噪讯抑制器
ANT SELECT	选择天线
PULSE LENGTH	选择脉冲长度
A/C SEA	选择 A/C SEA 调节方法
AUTO RAIN SELECT	选择 AUTO RAIN 的级别
TUNE SELECT	选择调谐的调节方法
ANT HEIGHT	设置天线高度
SEA CONDITION	设置海面状况
2ND ECHO REJ	打开、关闭第二轨迹回波抑制器
PM	开启/关闭性能监视器
SART	开启/关闭 SART 设置状况
[STD KEY]	
ALARM ACK	确认警报(消除声音警报)
STBY TX	在待机和发射之间切换
HL OFF	开启/关闭艏线
EBL OFFSET	偏移 EBL
OFF CENTER	画面偏移
CU TM RESET	本船标记返回至所使用距离 75%的点
INDEX LINE	开启/关闭刻度线
VECTOR TIME	设置向量时间
VECTOR MODE	设置向量模式
TARGET LIST	显示目标列表
TRAIL	设置轨迹参数

续表 2-5

项目	说明
BRILL	设置亮度
MARK	选择用来标注的标记
MENU	打开 MAIN(主)菜单
RANGE UP	增加量程
RANGE DOWN	减少量程
ACQ	探测 ARP 目标;启用休眠 AIS 目标
TARGET DATA	显示目标数据
TARGET CANCEL	取消跟踪 ARP 目标;休眠 AIS 目标
[ARP・AIS]	
DISP ARP	打开/关闭 ARP
DISP AIS	打开/关闭 AIS
TARGET DATA & ACQ	ARP:探测 ARP 目标;显示所选 ARP 目标的数据 AIS:激活休眠中的 AIS 目标;显示所选 AIS 目标的数据
PAST POSN INTERVAL	选择路经位置测绘间隔
REF MARK	为目标相关的速度输入记下参照标记
CPA LIMIT	开启/关闭 CPA 限制
CPA	输入 CPA 距离
TCPA	输入 TCPA 时间
GZ1	设置警戒区 1
GZ2	设置警戒区 2
TARGET LIST SORT	排序目标列表
TRIAL MANEUVER	执行试演
ARP・AIS FUSION	将 ARP 目标转换成 AIS 目标
AIS MESSAGE	显示 AIS 消息板
TRIAL MODE CHANGE	在动态和静态模式之间转换
[OPERATION]	
ECHO COLOR	选择回波颜色
BACK COLOR	选择背景颜色
RING	打开/关闭距离圈
ALARM1	设置 1 号防卫警报

续表 2-5

项目	说明
ALARM2	设置 2 号防卫警报
WATCH ALARM RESET	重新设置监视警报
ZOOM	启用缩放
MARK DELETE	删除标记(原点标记、航路点标记和测绘仪标记)
OWN TRACK DELETE	根据 OWN TRACK 菜单的设置,删除本船轨迹
TGT TRACK DELETE	根据 TARGET TRACK(目标轨迹)菜单的设置,删除其他船只的轨迹
CHART ALIGN	将航海图和雷达画面对齐
DISPLAY SELECT	选择显示模式
MOB	记下 MOB 标记
USER DEFAULT	恢复[F1]~[F3]的用户默认值 (当在 OPERATION(操作)(2/2)菜单中 USER DEFAULT(用户默认)处选择“F-KEY”时) (1) 按需要设置设备 (2) 显示适用的 F1、F2 或 F3 菜单 (3) 选择 USER DEFAULTS(用户默认)并长按(超过一秒)左按钮 (4) 要恢复设置,选择适用的 F1、F2 或 F3 菜单并选择 USER DEFAULTS(用户默认) 然后雷达设置为待机并且“USER DEFAULT”(用户默认)出现在右下角
OWN TRK ALL ERASE	清除全部本船的轨迹
TGT TRK ALL ERASE	清除全部其他的船只轨迹
MARK ALL ERASE	清除全部标记
PICTURE	
PICTURE1－PICTURE4	启用用户编程设置的设置
NEAR	适合平静海域上短量程(3 n mile 或更小)探测的最优设置
FAR	适合长量程(6 n mile 或更大)探测的最优设置
NEAR BUOY	适合近距离探测浮标、小船和其他小型水面物体的最优设置

续表 2-5

项目	说明
FAR BUOY	适合远距离探测导航浮标、小船和其他小型水面物体的最优设置
ROUGH SEA	适合在大浪或大雨航行的最优设置
SHIP	适合探测船只的最优设置
HARBOR	用于港口导航的最优设置
COAST	用于海岸导航的最优设置
NEAR BIRD	适合近距离探测海鸟的最优设置
FAR BIRD	适合远距离探测海鸟的最优设置

第三章　雷达的检查

船用雷达已有50多年的历史，早已成为船舶主要的助航设备，常被称为“船长的眼睛”。船用雷达可用于船舶避碰、定位和导航，尤以避碰应用为重。然而船用雷达在避碰中的应用尚不尽如人意，在避碰应用历史上甚至有过装了雷达不但没有减少船舶碰撞，反而增加碰撞事故的统计记录。事故的发生通常和没有做好雷达维护、保养和检查工作有关。本章重点介绍雷达的检查。

一、船用雷达工作原理

1. 测距原理

因为超高频无线电波在空间传播时具有等速、直线传播的特性，并且遇到物标有良好的反射现象，如果记录雷达脉冲波离开天线的时间和无线电脉冲遇到物标反射回到天线的时间，则物标离天线的距离为电磁波在空间的传播速度乘以时间差的二分之一。

在实际雷达中，用发射机产生超高频无线电脉冲波，用天线向外发射和接收无线电脉冲波，用显示器进行计算，显示物标的距离，并用触发电路产生的触发脉冲使它们同步工作。

2. 测方位原理

因为超高频无线波在空间中沿直线传播，所以，只要把天线做成定向天线，即只向一个方向发射，也只接收这一个方向目标的回波，那么，天线所指的方向就是物标的方向。如果天线旋转，依次向四周发射与接收，当在某个方向收到物标回波时，只需记下此时天线方向就可知道物标的方向。

在实际雷达中，用方位扫描系统把天线的瞬时位置随时准确地送给显示器，使荧光屏上的扫描线和天线同步旋转，于是物标回波也就按它的实际方位显示在荧光屏上了。

二、船用雷达检查

船用雷达型号各异，但其工作原理基本相似，现就如何对其进行检查进行探讨。

1. 初步检查

初步检查是检查船舶安全设备证书上记载的船用雷达的型号、数量是否与实际配备相符；ISM操作手册上是否有该型号的操作程序；雷达的操作手册；使用记录（雷达日记）；保养记录；驾驶台是否有粘贴操作步骤及注意事项；设备的外观情况；雷达天线是否有异常情况以及雷达的盲区图标示是否张贴。如果这些检查均满意，则可初步判定该轮雷达系统处于正常状态，否则，船用雷达很可能处于不正常状态，应做进一步检查。

2. 操作性检查

让驾驶人员按操作程序启动电源，听听电源声音，开启“准备”状态，3 min 后是否进入可用状态(设备从冷态接通后，应能在 4 min 内正常工作)，从开启到可用不能多于 4 min，开启后观察雷达天线的转动情况。

询问船员是否掌握船用雷达的操作程序，让船员口述操作方法或实际操作雷达，视其口述或实际操作是否正确、熟练来判定其是否合格。借助附近固定或移动目标，根据天气及海况，要求驾驶人员对雷达进行调节，对物标进行探测、跟踪和测量，以此来判断雷达的功况是否正常。抽查驾驶员作雷达标绘图。

3. 雷达维护保养检查

查看雷达的维护保养计划和记录，看其是否定期对雷达进行维护保养。

(1) 天线及波导的维护

① 隙缝天线辐射面罩(或抛物面及辐射窗口)上的油灰至少每半年清除一次，不准加涂油漆。

② 波导法兰(扼流关节)和波导支架紧固情况至少每半年检查一次。检查波导是否开裂(若开裂，立即更换)，检查波导法兰处的密封情况和波导、电缆穿过甲板的水密情况等。

③ 天线基座(减速齿轮箱)每半年油漆一次，并对固定螺栓的锈蚀情况做仔细检查，以免因锈蚀降低其强度，摔坏无线部件。

④ 每年按说明书规定对基座内各齿轮涂一次油脂或更新天线齿轮箱润滑油，并紧固基座内部的螺栓(若有磨损，则应及时修整或更换)。

⑤ 在天线基座内发现水迹时，必须及时采取措施消除，并通知专业修理人员找出原因，予以解决。当接收机及显示器工作正常而回波明显减弱时，应检查波导内有无积水现象。

⑥ 对安装在露天的波导和电缆，应仔细检查其是否紧固牢靠及有无损坏情况，并经常涂漆。

(2) 收发机的维护

① 每三个月检查一次各种电缆接头和连接器是否牢固可靠。

② 至少每三个月检查一次雷达测试电表各项指示是否在正常范围内。每次测试应在雷达工作半小时后进行。

③ 每半年用软毛刷清除一次收发机的灰尘(应在断电的情况下进行)。

④ 当更换磁控管后，应预热半小时以上再加高压。

⑤ 当更换磁控管、调制管、速调管等主要器件后，就按技术说明书要求对收发机进行重新调试，并将器件的更换日期、更换人员及各测试数据重新记入雷达使用记录本。

(3) 显示器的维护

① 每半年用软毛刷清除一次显示器的灰尘。

② 应定期轻轻用软布蘸酒精或清水擦抹安全玻璃罩和标绘玻璃罩。

③ 应小心按照雷达说明书的规定打开显示器面罩，用蘸有酒精或清水的软布轻轻擦抹方位尺表面。

④ 检查各连接电缆和插头是否牢固可靠和接触良好。

⑤ 对旋转式扫描线圈的显示器应定期按说明书规定对转动部分加油，并用无水酒精除去集流环上的尘污等。

⑥ 当发现显像管高压帽的周围打火时，应在对地充分放电后，再用蘸有无水酒精的软布清除高压帽周围的尘污。

(4) 中频变流机组的维护

① 按照说明书规定的要求对中频变流机组的轴系加注润滑油。

② 当中频变流机组的电刷磨损严重时，应及时换新，并用蘸有无水酒精等清洁剂的湿布清除电刷上的尘污。

③ 每半年应检查一次中频变流机组的各种电缆连接是否牢固可靠。

(5) 中频逆变器的维护

① 每三个月应检查一次各种电缆接头是否牢固可靠。

② 定期用软毛刷去除逆变器内的尘灰。

4. 雷达日记记录检查

① 安装年、月、日，承装单位及负责人名单。

② 安装完好后所测得的艏线误差、测距误差、测方位误差、阴影扇形区、最大作用距离表、最小作用距离等性能情况。船舶进坞或进厂大、中修后，应重新确认上述数据。

③ 天线高度。

④ 每次使用雷达的实际工作时间。

⑤ 记录磁控管电流、晶体电流、收发开关管预游离电流及测试表指示的其他技术数据。

(6) 雷达故障发生的时间，故障现象，实际修理情况，承修单位及修理人员等。

(7) 各交接班驾驶员将雷达现状和性能的情况核对后的记录。

5. 雷达整机工作状态判断

(1) 应能在规定时间内(不大于 4 min)将雷达从冷态开到工作(发射)状态。

(2) 开机后各部位均无打火、冒烟、出现异味及声响异常，转动部分声音和谐，无碰擦噪音。天线应以符合要求的转速顺时针匀速转动(从空中向下看一般 15～30 r/min)。

(3) 各量程、不同脉冲宽度的回波图像都应符合要求(在≤2 n mile 的量程上，设备应能分别显示位于所用量程 50%～100%之间两个方位相同、相隔距离≤50 m 的相似小物标；在 1.5 n mile 或 2 n mile 的量程上，设备应能分别显示位于所用量程 50%～100%之间两个方位相同、相隔距离≤50 m 但方位在 2.5°上的相似小物标)。

(4) 机内测试电表各挡测试值应在规定范围内(说明书规定)。

(5) 各量程的距标圈圈数应符合要求，间距应相等(0.5 n mile<s<0.8 n mile，2 个距离圈，其他量程 6 个距离圈)。

(6) 活动距标圈读数在各量程上应与固定距标读数一致。

(7) 艏线位置应准确，方位误差应在允许范围内(不大于 1°)。

(8) 测距误差在允许范围内(固定距离圈和可变距离圈来测量目标的距离，其误差不超过所用量程 1.5%或 70 m 取大者)。

(9) 正常 PPI 显示的电子方位标志读数应与固定方位刻度一致。

(10) 北向上显示方式时，艏线指向应与罗经显示器的读数，主罗经的航向值一致。

(11) 检查各控钮、开关转动应灵活，作用应正常（如：增益、调谐、扫描亮度、STC、FTC、RIC、雷达电源开关、量程转换开关、船艏线按钮等）。

为了缩短检查时间，现给出船用雷达的检查项目表(表 3-1)。

三、缺陷的处理

雷达在船舶定位仪避让中处于重要地位，严重地关系到人身和财产安全，因此对其缺陷的处理应更严厉，但 IMO 港口国监督的指导中并未对雷达缺陷的处理作出指导，故作为 PSCO 应尽可能利用所学的专业知识作出正确的判断，以免造成对船舶不适当的滞留。

对如下缺陷，建议 PSCO 考虑对船舶实施滞留：

① 驾驶员不会作雷达标绘图；

② 驾驶员对雷达操作程序不熟练；

③ 驾驶员不能对固定和移动物标进行辨识或操作不熟练并不会对物标辨认；

④ 未能在规定的时间内从冷态到工作状态，开机后有部位存在打火、冒烟、有异味及异常响声等现象，回波图像不符合要求；

⑤ 活动距标圈不符合要求、读数是否正确、测距及方位误差较大；

⑥ 控钮、开关转动不灵活，作用异常；

⑦ 机内测试电表各挡测试值未在规定的范围内。

表 3-1 船用雷达检查项目表

日期：	检查官：
检查地点(港口)：	参加船员人数：
船名：	发现操作性缺陷 是 否
船籍港：	操作性缺陷涉及人员 名
总吨：	其中管理级人员 名
呼号：	操作级人员 名

IMO NO：

序号	检 查 项 目	是	否	备注
1	船舶安全设备证书记载的雷达型号、数量是否一致			
2	雷达外观保养是否正常			
3	ISM 手册是否有该类型雷达型号的操作程序			
4	是否有雷达的操作手册及说明书			
5	雷达日记或使用记录			
6	雷达保养记录			

续表 3-1

序号	检　查　项　目	是	否	备注
7	雷达天线周围情况及工作状况			
8	驾驶员是否会作雷达标绘图			
9	询问雷达操作程序或操作是否熟练			
10	驾驶员是否能对固定和移动物标的辨识			
11	是否在规定的时间内从冷态到工作状态			
12	开机后各部位是否打火、冒烟、异味及异常响声、噪声			
13	回波图像是否符合要求			
14	活动距标圈是否符合要求、读数是否正确			
15	艏线位置是否正确、方位是否在允许范围			
16	测距误差是否在允许范围内			
17	电子方位与固定方位刻度是否一致			
18	北向上时，艏线指向是否与罗经显示器读数一致			
19	检查各控钮、开关转动是否灵活，作用是否正常			
20	机内测试电表各档测试值是否在规定的范围内			
21	是否张贴雷达盲区图(阴影扇形图)			

第四章　雷达模拟器

航海类院校学生在学习雷达操作的过程中，很少有机会到船舶上面使用真正的雷达，因此，各大院校雷达实训课程均使用雷达模拟器进行教学，下面对几种常见的雷达模拟器进行讲解。

第一节　古野雷达模拟器操作

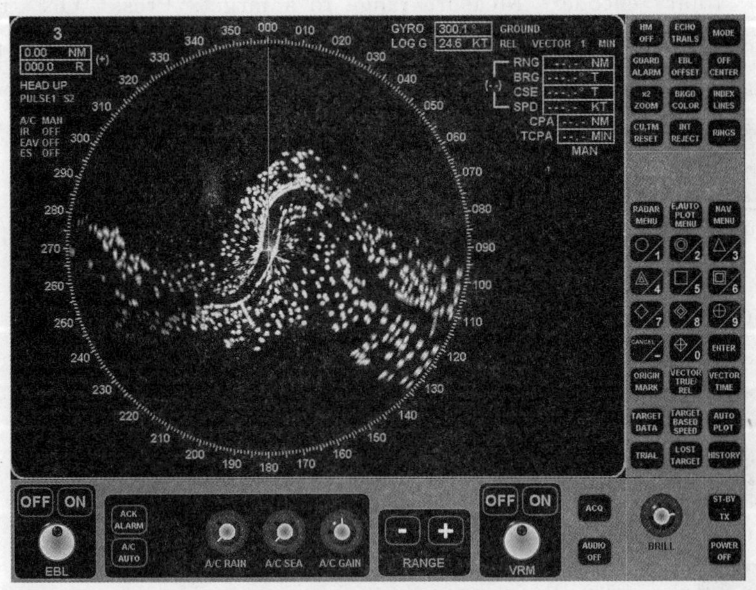

图 4-1　古野雷达显示单元

一、古野雷达基本操作按钮

(1) POWER OFF 雷达电源开关

“POWER/OFF”-to exit from the program to radar selection menu.

(2) ST-BY - TX 雷达待机状态/雷达发射状态

“ST-BY/TX”-to switch between Standby and Transmit. When transmitting, radar waves are emitted by the antenna, and returning echoes appear on the display.

(3)  雷达显示亮度调节

"BRILL"-to adjust display brilliance.

(4)  目标录取按钮

"ACQ"-press to acquire target.

(5)  关闭警报

"AUDIO OFF"-to silence watch alarm.

(6)  活动距标圈开关与轨迹球调节按钮

"VRM"-rotary encoder. Measure range to a target. Press "ON" to display a VRM, then operate rotary encoder to set VRM on the inside edge of the target. The range appears at the bottom of the display.

(7)  雷达量程调节

档位(单位:n mile)有 0.125、0.25、0.5、0.75、1.5、3、6、12、16、24、32、48、72 几种,一般瞭望常用 12 档。

"RANGE"-to select radar range.

Ranges (n mile):0.125,0.25,0.5,0.75,1.5,3,6,12,16,24,32,48,72.

(8)  增益调节按钮

"A/C GAIN"-to adjust so noise just disappears from display.

(9)  海浪干扰抑制按钮

"A/C SEA"-to reduce sea clutter near own ship.

(10)  雨雪干扰抑制按钮

"A/C SEA"-to reduce rain clutter near own ship.

(11)  警报收妥按钮

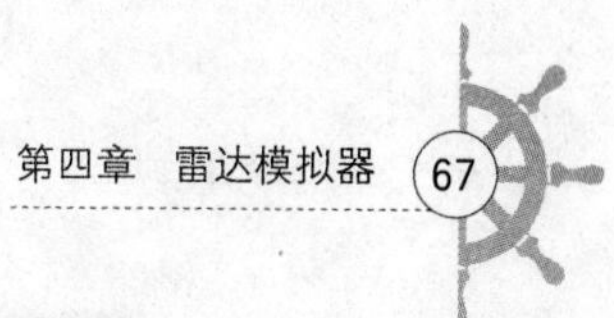

"ACK ALARM"-to acknowledge the alarm.

(12) 雨雪海浪抑制自动调节按钮

"A/C AUTO"-to automatically reduce sea and rain clutter purpose.

(13) 电子方位线开关与轨迹球调节按钮

"EBL"-rotary encoder. To measure bearing to a target, press "ON" to display an EBL, then operate the rotary encoder to bisect the target with EBL. Bearing appears at the bottom of the display.

(14) 隐藏艏线按钮

"HM OFF"-press and hold down to erase heading mark.

(15) 回波尾迹按钮

可调节显示间隔:30 s、1 min、3 min、6 min、15 min、30 min、持续显示。

"ECHO TRAILS"-to show trails of targets in afterglow (30 s, 1 min, 3 min, 6 min, 15 min, 30 min, CONTINUE-see the right bottom corner of the PPI).

(16) 显示模式调整

可选择:相对运动船首向上显示模式(HEAD UP)、相对运动航线向上显示模式(COURSE UP)、北向上显示模式(NORTH UP)、真运动北向上显示模式(TURE MOTION)。

- Relative motion-Relative and True bearing-Head-Up;
- Relative motion-Relative and True bearing-Cursor gyro Head-Up;
- Relative motion-Relative and True bearing-Course-Up;
- True motion-Relative and True bearing-North-Up.

(17) 警戒圈警报收妥按钮

"GUARD ALARM"-to set, disable, cancel the guard alarm.

(18) 电子方位线偏心显示按钮

"EBL OFFSET"-to enable/disable offset EBL.

(19) 雷达偏心显示按钮

"OFF CENTER"-to off centre the display.

(20) x2 ZOOM 区域放大按钮

"x2 ZOOM"-to double the size of area between your ship and a location.

(21) BKGD COLOR 背景颜色调整按钮

"BKGD COLOR"-to set background colour.

(22) INDEX LINES 指示线显示按钮

"INDEX LINES"-to show/hide the index lines.

(23) CU,TM RESET 航向向上复位按钮

在航向向上显示模式中,如果本船改向,船首向将随机变化,但图像保持稳定,等航向稳定后,按[CU, TM RESET]按钮将使艏线恢复指向方位盘0,图像旋转对应角度,使航向向上复位。

"CU, TM RESET"-in course-up bow bearing is 0; in true motion own ship position is returned 50% of stern direction.

(24) INT REJECT 同频干扰抑制按钮

"INT REJECT"-to reduce interference from other shipborne radars.

(25) RINGS 显示/隐藏固定距标圈按钮

固定距标圈档位(单位:n mile)设定为0.025、0.05、0.1、0.25、0.5、1、2、4、8、12、20,分别对应雷达量程。

"RINGS"-show/hide range rings and adjust their brightness [range ring interval (n mile):0.025,0.05,0.1,0.25,0.5,1,2,4,8,12,20].

(26) RADAR MENU 雷达调整菜单

"RADAR MENU"-to display radar menus.

(27) E,AUTO PLOT MENU 自动导航菜单

"E, AUTO PLOT MENU"-to display the electronic plot menu (manual plotting) or auto plot menu (option).

(28) NAV MENU 航海信息显示菜单

"NAV MENU"-to display navigation menus.

(29) 数字键

Digit buttons-plot marks，to enter numeric data.

(30) CANCEL/— 取消按钮

"CANCEL/—"-to erase plot marks in electronic or automatic plotting.

(31) ENTER 确认按钮

"ENTER"-to register option set on menu.

(32) ORIGIN MARK 隐藏/显示原始标记按钮

"ORIGIN MARK"-to hide/show origin mark.

(33) VECTOR TRUE/REL 真矢量/相对矢量切换按钮

"VECTOR TRUE/REL"-to set vector bearing reference.

(34) VECTOR TIME 矢量线长度调节

"VECTOR TIME"-to set vector length (1～10 min).

(35) TARGET DATA 目标船信息显示按钮

"TARGET DATA"-to display data on acquired target.

(36) TARGET BASED SPEED 目标船速度显示按钮

"TARGET BASED SPEED"-to display ship 's speed.

(37) AUTO PLOT 自动录取

"AUTO PLOT"-to turn auto plotting on/off.

(38) TRIAL 试操船按钮

"TRIAL"-to execute trial manoeuvre.

(39) LOST TARGET 丢失目标报警收妥按钮

"LOST TARGET"-to erase lost target.

(40) HISTORY 目标尾迹按钮

"HISTORY"-to show past positions of targets being tracked.

二、古野雷达菜单功能

进入菜单项

① 选择合适的菜单按钮；

② 用数字键选择菜单内的项目；

③ 再次按下相同的数字键进行选项选择；

④ 按下[ENTER]键确认选择项目；

⑤ 改变项目选择重复步骤②～④；

⑥ 完成选择重复步骤①步所选择的菜单按钮。

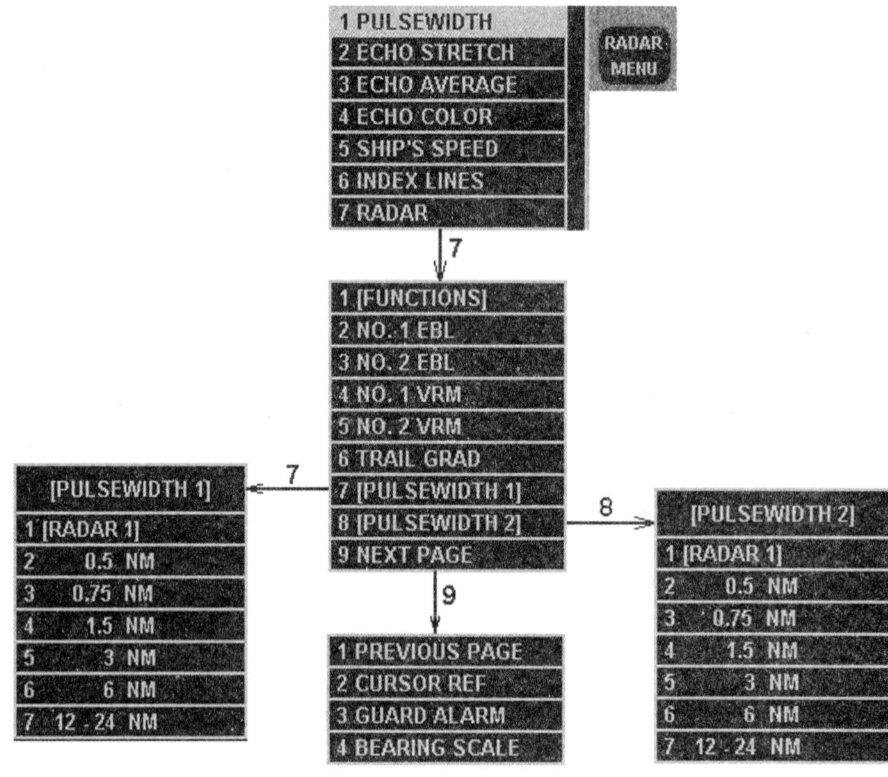

图 4-2 雷达菜单

表 4-1 雷达菜单按键说明

按键名称	说明
PULSEWIDTH	脉冲宽度调节，可选择范围介于 0.5 n mile 和 24 n mile 之间。安装两套脉冲宽度(脉冲宽度 1 和 2)，可以选择其中一个
ECHO STRETCH	回波伸展功能。有 off、1、2 三个档位选择
ECHO AVERAGE	回波平均功能，有 off、1、2、3 四个档位选择
ECHO COLOR	回拨色彩调节
SHIP'S SPEED	船舶速度，可选计程仪输入和手动输入
INDEX LINES	避险线调节
RADAR	进入雷达选项界面
[FUNCTIONS]	返回上一层

续表 4-1

按键名称	说明
NO.1 EBL	设置电子 1 号方位线显示方式:真方位和相对方位
NO.2 EBL	设置电子 2 号方位线显示方式:真方位和相对方位
NO.1 VRM	调整 1 号活动距标圈单位(km,n mile,mi)
NO.2 VRM	调整 2 号活动距标圈单位(km,n mile,mi)
TRAIL GRAD	轨迹色调
PULSEWIDTH 1	设置不同量程的脉冲宽度
PULSEWIDTH 2	设置不同量程的脉冲宽度
PREVIOUS	返回上一页
CURSOR REF	光标位置设置,可选真方位或相对方位
GUARD ALARM	警戒圈警报设置,可选物标闯入报警或物标离开报警
BEARING SCALE	隐藏或显示雷达方位刻度盘

三、古野雷达基本操作介绍

1. 使用 VRMS(活动距标圈)测量距离

(1) 开启/关闭 VRM

① 按下[VRM ON]键。第一个 VRM 开启,在右下角读取距离数据。

② 再按下[VRM ON]键。第二个 VRM 开启,在右下角读取距离数据。

③ 重复按下[VRM ON]键将在两个 VRM 之间进行切换,用旋钮调节距离。

④ 按下[OFF],取消 VRM 显示。

(2) 测距

① 开启活动距标圈。

② 使用轨迹球调整活动距标圈位置。

③ 使活动距标圈内沿与要测距物标外沿相切。

④ 右下角读数。

2. 使用 EBLS(电子方位线)测量方位

(1) 开启/关闭 EBL

① 按下[EBL ON]键。第一个 EBL 开启,在左下角读取距离数据。

② 再按下[EBL ON]键。第二个开启,在左下角读取距离数据。

③ 重复按下[EBL ON]键。将在两个 EBL 之间进行切换,用旋钮调方位。

④ 按下[OFF],取消 EBL 显示。

(2) 测方位

① 开启电子方位线。

② 使用轨迹球调整电子方位线位置。

③ 使电子方位线通过要测方位物标中心位置。

④ 读出此时读数。

3. Offset EBL(电子方位线漂移)

① 开启电子方位线。

② 通过轨迹球移动光标到所需的位置。

③ 按下[EBL OFFSET]键,第一条电子方位线原点移至光标处。

④ 再按下[EBL OFFSET]键,第二条电子方位线原点移至光标处。

⑤ 若取消电子方位线漂移,再次按下[EBL OFFSET]键。

4. Off Centering the Display(偏心显示)

移动光标至新的位置,按下[OFF CENTER]键,图像以新的位置为原点,取消偏心显示再次按下[OFF CENTER]键。

5. Acquired Target(目标录取)

将光标移到索要捕捉的目标回波上,按下符号键,按[ACQ]按钮,系统将跟踪录取目标。

在稳定显示模式时,用于手动清除所捕捉录取的目标。移动轨迹球将光标移到已捕捉录取的某目标回波上,按[CANCEL]按钮,将清除对应的录取目标。

6. GUARD/ALARM(警戒区)

按下该键可以打开/关闭警戒区,用轨迹球控制警戒圈。

7. TARGET DATA(目标数据显示按钮)

当跟踪某一目标稳定后,将光标移到该目标上,按下[TARGET DATA]键,数据显示区将显示所选目标的有关信息。

8. TRIAL(试操船按钮)

按下按钮,进入试操船模式,显示屏下放显示红色"TRIAL",并显示试操船菜单。[DELAY]在试操船模式下,用以设置时间延迟值。时间值范围为 0～9 min。[COURSE]在试操船模式下,用以设置试操船航向值。[SPEED]在试操船模式下,用以设置试操船航速值。

9. Own Ship Date Input(本船数据输入)

进入雷达菜单,选择本船速度输入选项 LOG/MAN。若选择 MAN,则人工进行船速输入。

第二节 BRIDGE MASTER E 雷达模拟器

一、原始状态

在确认雷达本船控制台已进入应用程序后选择进入模拟雷达界面,移动光标至"Bridge Master E",然后按下右键。这时,雷达处于"STBY"准备状态,如图 4-3。

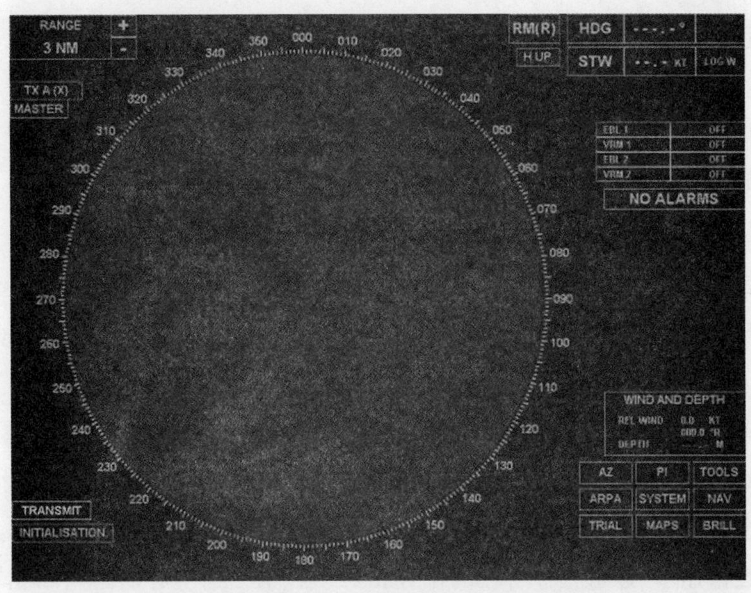

图 4-3 雷达开机模式

二、发射和图像显示模式选择

按下屏幕左下角的“Transmit”，雷达进入发射状态，发射默认为“HUP”模式(图 4-4)，按该键可选择“NUP”或“CUP”显示模式。

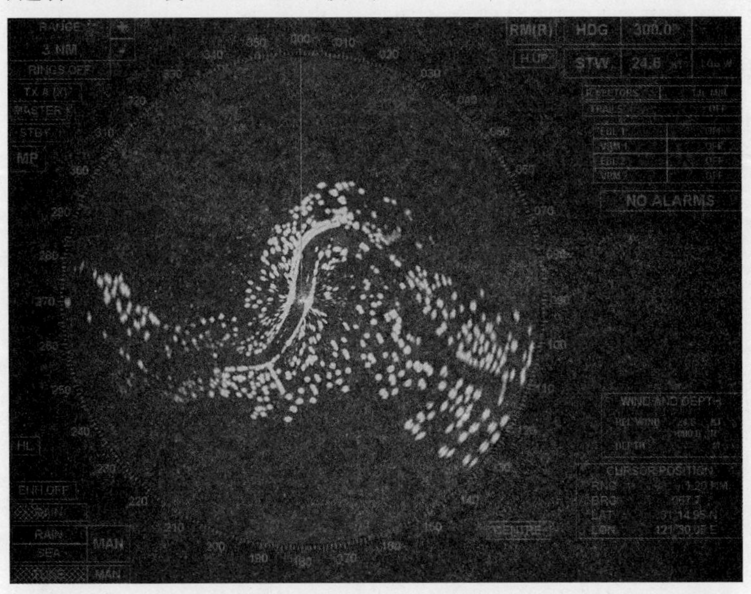

图 4-4 Transmit Display

三、量程(Range)

该按钮位于控制面板的左上角，默认量程为 3 n mile，本雷达的量程(单位：n mile)有 0.125、0.25、0.5、0.75、1.5、3.0、6.0、12.0、24.0、48.0 和 96.0 共 11 档。

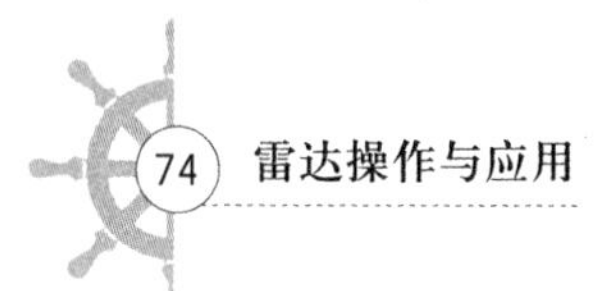

四、固定距标圈及量度控制

固定距标圈(Ring)按钮位于屏幕的左上角,默认为关闭(OFF)状态,其亮度控制在屏幕右下角亮度(Brill)功能组中,可根据需要选择不同亮级的固定距标圈显示。

五、波段[TX A(X)]选择按钮

该按钮位于屏幕的左上角,可根据需要选择“X”或“S”波段。

六、艏线及其量度控制(HM)

该按钮位于屏幕右下角(Brill)功能组中,可控制选择不同亮级的艏线显示,开机默认为艏线显示状态。

七、艏线显示

该按钮位于屏幕左下方,按下[HL]键可使艏线隐没,松开则恢复艏线显示。

八、光标数据显示(COURSORDATA)及控制按钮

“光标数据显示”显示光标所在的位置相对于屏幕扫描中心的距离和相对方位。距离由量程和光标位置决定,方位以方位刻度 000 为基准给出。该按钮位于控制面板的右下角,光标移出雷达平面时不显示光标数据。

九、活动距离圈(VRM)及其数据设置

该按钮位于屏幕右侧,默认设置为 OFF,最多可设置两个活动距离圈(即 VRM1 和 VRM2),活动距离圈数据可通过轨迹球调整输入。

十、电子方位线

该按钮位于屏幕右侧,默认设置为 OFF,最多可设置两条方位线,可通过轨迹球调整改变电子方位线的方位数据。

十一、电子方位线偏移

默认状态的电子方位线的原点与雷达的扫描中心一致,“EBL2”可根据需要进行偏心调节。

十二、手动船速设置

该按钮位于屏幕右上角的“LOG”,当按下时改为“MAN”可用于船速的输入,默认状态为 0 kn,最大可设至 75 kn。

十三、计程仪船速(LOG)

该按钮位于屏幕右上角,默认状态显示为“LOG”。

十四、ARPA 开关

该按钮位于屏幕右下角,默认状态为 OFF,按下该键平面右侧平面数据显示区显示 3 块“TARGET”数据,这时可进行手动目标录取,最大可录取 40 个目标。

十五、真矢量(TVECTOR)和相对矢量(R VECTOR)

该键用于选择矢量的显示模式,默认为相对矢量(RVECTOR)。

十六、矢量时间(VECTOR TIME)

该键用于选择设置矢量时间，按[VECTORTIME]后再按右边数据显示即可进行矢量时间设置，矢量时间设置最大可达 59.9 min，最小为 0.1 min。

十七、目标录取

本机在 RADAR/ARPA 均可进行目标录取，录取目标时，通过轨迹球把光标移至目标回波上，按下右键即可，最大可录取 40 个。

十八、目标消除

把光标移至已捕获录取的目标回波上，按下右键，则停止对该目标的跟踪。

十九、消除全部录取目标(CANCELALL TARGET)

在 ARPA 状态下，按下屏幕右侧 APRA 对话框中的[CANCEL ALL TARGET]键，系统将清除全部已录取目标。

二十、目标数据显示

把光标移至目标回波上，按下左键，平面右侧数据显示区将弹出对话框(图 4-5)，在所选目标上将显示对应目标的序号。

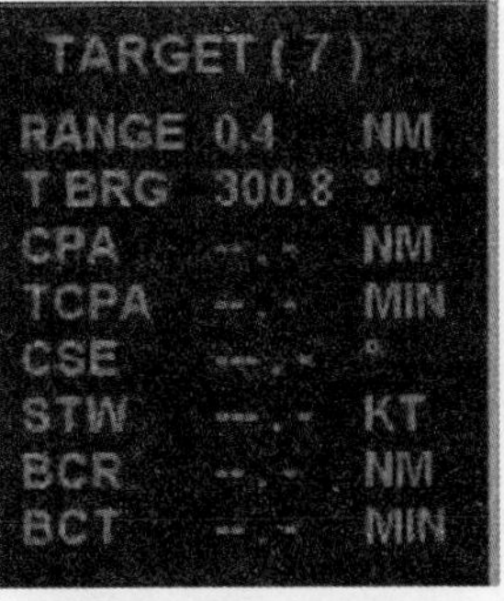

图 4-5 目标数据

二十一、CPA 和 TCPA 的设置

在 APRA 的状态下设置 CPA 和 TCPA，在右侧平面“APRA”对话框中按下[Limit&setting]键，即可进行自动或手动 MIN CPA、MIN TCPA、MINBCR 和 MIN BCT 的设置，开机默认为 MINCPA 和 MIN BCR：2 n mile，MIN TCPA 和 MINBCT：10 min。

二十二、自动录取跟踪

在 ARPA 状态下，需先设置完警戒圈后按下 ARPA 对话框中的[ARPA DATA]键，“ARPA”的自动捕捉功能启动。

二十三、试操船(TRIAL)

TRIAL 键位于屏幕的右下方，按下该键进入试操船状态，雷达屏幕上(下)方显示“TRIAL”，正常模式时“TRIAL”消失。

二十四、时间延迟设置

按下[TRIAL]后，数据显示区将显示有关数据的设置功能键，按下[DELAY TIME]设置延迟时间。

二十五、试操船航向设置

按下[TRIAL]键后，在[TRIAL]对话框中按下[CSE]键可进行航向设置。默认航向为当前航向。

二十六、试操船速度设置

按下[STW]键，可进行试操船速度设置，设置范围为0.0～99.0 n mile，默认数据为当前航速。

二十七、试操船运行开关

在“TRIAL”数据设置后，按下[RUNNING]键，显示屏将显示试操船运行结果。

二十八、历史航迹

按下[PASTEPOSN]键，屏幕显示“15 s、30 s、1 min、2 min、4 min、8 min和16 min”共7种时间长度可供选择。

二十九、警戒圈设置

按下屏幕右下方的[AZ]功能键，最多可设置2个警戒圈、警界范围和距离可进行编辑(EDIT)设置。

三十、限制线设置

按下屏幕右下方的[PI]功能键，可进行限制线设置。

三十一、数据亮度控制

按下屏幕右下方的[BRILL]键，可进行数据显示亮度调整设置。

三十二、回波增强控钮(ECHO)

默认状态为OFF，按下[ECHO]键，回波的显示增宽。

三十三、图像偏心显示

按下屏幕右下角的[MAN]键，移动光标至扫描中心，按下左键后把光标移至预定处，再按左键即可，最大可偏移2/3半径，在偏心状态下，按[CENTRE]键，扫描中心复原。

三十四、真运动和手动复位

在“NUP”或“CUP”状态下，按下[RM]则扫描中心偏移至半径2/3处，按下[TM]扫描中心复原。

三十五、自动干扰抑制

把屏幕左下角雨、雪和海浪干扰抑制功能键置于“AUTO”，默认为“MAN”。

三十六、增益控制

该键位于屏幕右下角，按下该按钮可进行增益调节。

三十七、导航点和导航线显示

按下屏幕右下方的[NAV]键，弹出“Navigation”对话框，按下[RuteDisplay]键，显示导航点和导航线(即电子海图的计划航线)。在“HUP”状态下无此功能。

三十八、退出应用程序

操作完毕，按下屏幕右上方的[STBY]键，雷达退回准备状态，按下屏幕右下方的[SYSTEM]键，再按对话框中的[EXIT]键退出应用程序。

第三节 UNCLEUS 雷达模拟器

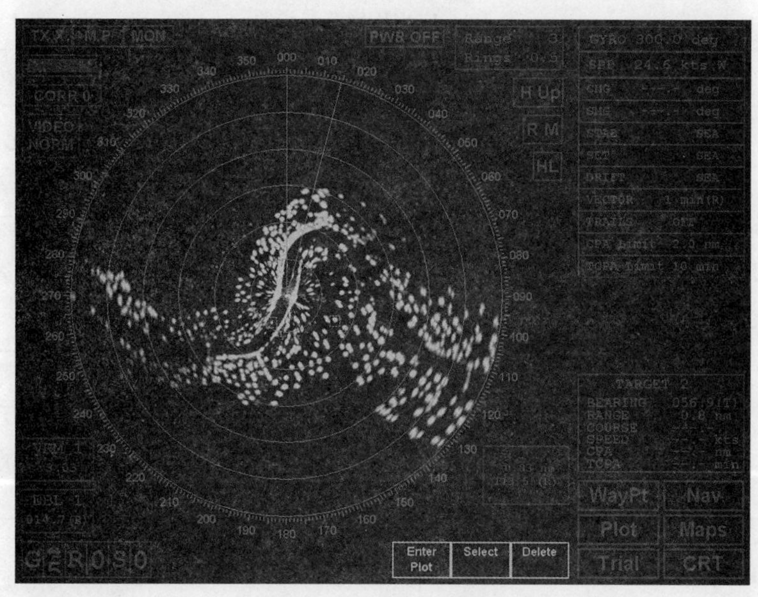

图 4-6 雷达显示图像

一、应用程序进入

在本船控制台已进入应用程序界面后，才可以进入模拟雷达应用程序界面，进入后用轨迹球和左、中、右键设立。

二、TX X 键

表 4-2 TX X 键符号说明

符号	Standby	TX X	TX S
说明	Standby 状态	发射 X 波段状态	发射 S 波段状态，默认为发射 X 波段

三、MP 键

表 4-3 MP 键符号说明

符号	SP	MP	LP
说明	短脉冲状态	中脉冲状态	长脉冲状态

四、MON 键

不能使用。

五、调谐键

频率调谐。

六、CORR 键

表 4-4 CORR 键符号说明

符号	CORR 0	CORR 1	CORR 2
说明	处于关闭状态	处于同频干扰抑制状态	处于同频干扰抑制和弱回波保护状态

七、VIDEO 键

表 4-5 VIDEO 键符号说明

符号	NORM	BOOST
说明	关机状态	增强 6 n mile 之外回波强度

八、VRM 键

活动距标圈键:可调出 1~2 圈活动距标圈。

九、EBL 键

电子方位线键:可调出 1 或 2 条电子方位线。

十、G R S 键

G:增加 0~9。

R:雨雪干扰抑制 0~9。

S:海浪干扰抑制 0~9。

十一、POW OFF 键

雷达开关键。

十二、Range Rings 键

① Range 量程(单位:n mile):0.25、0.5、0.75、1.5、3、6、12、24、48、96。

② Rings 固标圈键。

十三、H Up 键

表 4-6 H Up 键符号说明

符号	NUp	C Up	HU
说明	北向上显示方式	航线向上显示方式	船首向上显示方式

十四、R M 键

表 4-7 R M 键符号说明

符号	R M	T M
说明	相对运动状态	真运动状态

十五、HL 艏线显示键

按下艏线消失,默认有艏线。

十六、RNG/BRG

数据:方位、距离、经度、纬度。

十七、罗经航向 GYRO 键

船舶罗经方向显示。

十八、速度 SPEED 键

表 4-8 速度 SPEED 键符号说明

符号	LOG	MAN	DOP
说明	计程仪信号自动输入	人工输入	对地速度

十九、CMG

显示船舶的漂移方向。

二十、SMG

显示船舶的漂移速度。

二十一、STAB 数据稳定键

表 4-9 STAB 数据稳定键符号说明

符号	SEA	MAN	GPS
说明	对水数据稳定	人工数据稳定	GPS 数据稳定

二十二、SET 键

显示风流压差方向。

二十三、DPIFT

显示风流压差大小。

二十四、VECTOR R/T 矢量线键

按下分别处于 R 或 T 状态。

二十五、TRAILS 键

航迹显示:可在 0.75～99 min 范围内调节。

二十六、TCPA LIMIT 键

设定 TCPA 大小:1～60 min。

二十七、CPALIMIT 键

设定 CPA 的大小:0.1～6 n mile。

二十八、经度

显示经度。

二十九、纬度

显示纬度。

三十、Way Pt 转向点键

表 4-10 Way Pt 转向点键符号说明

符号	WAY PTS	ROUTS LABLES
说明	控制转向点的设定或消除	控制线的设定或消除

三十一、Nav 键

表 4-11 Nav 键符号说明

符号	WOP	PI	END	PLOP	CRT
说明	不能用	设定警戒线	结束该窗口	设定目标船的各种状态	设定屏幕亮度

三十二、Plot 键

设定目标船的各种状态。

三十三、Maps 键

航线设定键:按下该键在 VEW 键上设定新航线,可以分别用点线圈设定。

三十四、Trial 试操船键

表 4-12 Trial 试操船键符号说明

符号	COURSE 000 DEG	SPEED 00 KN	DELAY 3.0 MIN
说明	航向设定在 0°～360°之间	速度设定在 0～99 kn 之间	延时设定在 0～60 min 之间

三十五、亮度 CRT 键

分别调节自动、平均、白天、夜间屏幕亮度。

第五章　雷达操作与应用评估大纲及适任评估规范

第一节　雷达操作与应用评估大纲

表 5-1　雷达操作与应用评估大纲

评估纲要	适用对象		
	9205	9206	9209
使用雷达和自动雷达标绘仪保持航行安全			
1. 雷达基本操作与设置			
1.1 雷达主要控扭操作	√	√	√
1.2 雷达开关机操作	√	√	√
1.3 雷达传感器设置与数据核实	√	√	√
1.4 保持清晰观测目标的雷达操作方法	√	√	√
1.5 准确测量目标位置的操作方法	√	√	√
2. 雷达观测			
2.1 雷达目标识别	√	√	√
2.2 雷达定位			
2.2.1 适合雷达定位的目标	√	√	√
2.2.2 雷达定位方法	√	√	√
2.2.3 准确测量目标距离和方位	√	√	√
3. 雷达导航			
3.1 平行线导航	√	√	√
3.2 距离避险线	√	√	√
3.3 方位避险线	√	√	√
4. 雷达人工标绘			
4.1 转向避让措施	√	√	√
4.2 变速避让措施	√	√	√
4.3 停船避让措施	√	√	√
5. 雷达自动标绘			
5.1 目标捕获			
5.1.1 手动捕获在不同航行环境中的应用	√	√	√
5.1.2 自动捕获设置，目标闯入报警，自动捕获的局限性	√	√	√
5.2 目标跟踪			
5.2.1 目标被录取后最初的跟踪，目标运动趋势的获取	√	√	√

续表 5-1

评估纲要	适用对象		
	9202	9206	9209
5.2.2 目标稳定跟踪条件，目标预测运动及其数据的获取与解释，危险目标判断与报警	√	√	√
5.2.3 目标数据精度判断	√	√	√
5.2.4 目标丢失的各种可能性，目标丢失报警	√	√	√
5.2.5 目标交换的各种情况	√	√	√
5.2.6 本船机动和目标机动的影响	√	√	√
5.2.7 目标跟踪最大距离	√	√	√
6. AIS 报告目标			
6.1 AIS 目标信息	√	√	√
6.2 雷达跟踪目标与 AIS 报告目标融合	√	√	√
7. 试操船			
7.1 试操船启动前的准备和试操船启动时机	√	√	√
7.2 试操船过程注意事项	√	√	√
7.3 试操船结果可行性判断	√	√	√
7.4 利用试操船确定回航时机	√	√	√

第二节　雷达操作与应用适任评估规范

（适用对象：无限航区 500 总吨及以上船舶二/三副、沿海航区船舶二/三副）

（注：未满 500 总吨船舶船长、大副和二/三副吨位提升需要通过本项评估）

1. 评估目的

通过评估，检验被评估者掌握雷达操作和应用的相关知识和技能并能正确进行操作和应用的能力，以满足 STCW 公约马尼拉修正案及中华人民共和国海事局海船船员适任考试评估的有关要求。

2. 评估内容

2.1 雷达基本操作与设置

2.2 雷达观测

2.3 雷达导航

2.4 雷达人工标绘

2.5 雷达自动标绘

2.6 AIS 报告目标

2.7 试操船

3. 评估要素

3.1 雷达基本操作和设置

3.1.1 保持清晰观测目标的雷达操作方法

(1) 评估要素

① 雷达开机前准备工作;

② 雷达开机,核实传感器数据,并调整在最佳观测状态的操作;

③ 根据气象海况和航行环境保持清晰观测目标的操作;

④ 雷达关机操作。

(2) 评估标准

① 操作基本正确,回答问题基本正确,及格;

② 操作不正确,回答问题错误较多,不及格。

3.1.2 准确测量目标位置的操作方法

(1) 评估要素

① 准确测量目标距离的操作;

② 准确测量目标方位的操作。

(2) 评估标准

① 操作基本正确,回答问题基本正确,及格;

② 操作不正确,回答问题错误较多,不及格。

3.2 雷达定位(15 分)

(1) 评估要素

① 雷达目标识别与定位目标的选择;

② 雷达定位方法的选择;

③ 雷达定位目标测量方法与保证雷达定位精度的操作。

(2) 评估标准

① 操作正确、熟练,回答问题完整准确:15 分;

② 操作正确、比较熟练,回答问题基本准确:12 分;

③ 操作正确、熟练程度一般,回答问题尚准确:9 分;

④ 操作较差,回答问题错误较多:6 分;

⑤ 操作差,回答问题基本不正确:3 分;

⑥ 无法完成操作,不能回答出问题:0 分。

3.3 雷达导航(5 分)

(1) 评估要素

① 雷达平行线导航操作;

② 雷达距离避险线导航操作;

③ 雷达方位避险线导航操作。

(2) 评估标准

① 操作正确、熟练,回答问题完整准确:5 分;

② 操作正确、比较熟练,回答问题基本准确:4 分;

③ 操作正确、熟练程度一般,回答问题尚准确:3 分;

④ 操作较差,回答问题错误较多:2 分;

⑤ 操作差,回答问题基本不正确:1 分;

⑥ 无法完成操作,不能回答出问题:0 分。

3.4 雷达人工标绘(20 分)

3.4.1 和 3.4.2 任选一项

3.4.1 转向避让措施(20 分)

(1) 评估要素

① 观测并标绘目标船的相对运动线;

② 求取目标船的航向、航速、CPA 及 TCPA;

③ 判断本船所处的局面;

④ 根据规则的规定拟定转向避让措施;

⑤ 根据转向不变线判断本船转向后来船的相对运动线的变化方向;

⑥ 通过标绘求出具体转向角并核查是否会导致另一紧迫局面;

⑦ 操纵船舶进行转向避让;

⑧ 核查转向避让效果并判断他船行动;

⑨ 求取恢复原航向的时机并采取措施;

⑩ 分析产生误差的原因。

(2) 评估标准

① 操作正确、熟练,回答问题完整准确:20 分;

② 操作正确、比较熟练,回答问题基本准确:16 分;

③ 操作正确、熟练程度一般,回答问题尚准确:12 分;

④ 操作较差,回答问题错误较多:8 分;

⑤ 操作差,回答问题基本不正确:4 分;

⑥ 无法完成操作,不能回答出问题:0 分。

3.4.2 变速避让措施(20 分)

(1) 评估要素

① 观测并标绘目标船的相对运动线;

② 求取目标船的航向、航速、CPA 及 TCPA;

③ 判断本船所处的局面;

④ 根据规则的规定拟定变速避让措施;

⑤ 判断本船变速后来船的相对运动线的变化方向;

⑥ 通过标绘求出变速幅度并核查是否会导致另一紧迫局面;

⑦ 操纵船舶进行变速避让;

⑧ 核查转向避让效果并判断他船行动;

⑨ 求取恢复原航速的时机并采取措施;

⑩ 分析产生误差的原因。

(2) 评估标准

① 操作正确、熟练,回答问题完整准确:20 分;

② 操作正确、比较熟练,回答问题基本准确:16 分;

③ 操作正确、熟练程度一般,回答问题尚准确:12 分;

④ 操作较差,回答问题错误较多:8 分;

⑤ 操作差,回答问题基本不正确:4 分;

⑥ 无法完成操作,不能回答出问题:0 分。

3.5 雷达自动标绘(45 分)

3.5.1 目标捕获(15 分)

(1) 评估要素

① 传感器及系统设置:雷达、罗经、速度航程测量设备(SDME)、GPS 和 AIS 等传感器设置与数据核实;CPA LIM/TCPA LIM 设置及设置准则。

② 人工捕获目标原则及操作。

③ 目标自动捕获,警戒区/捕获区/抑制区设置,自动捕获使用注意事项。

(2) 评估标准

① 操作正确、熟练,回答问题完整准确:15 分;

② 操作正确、比较熟练,回答问题基本准确:12 分;

③ 操作正确、熟练程度一般,回答问题尚准确:9 分;

④ 操作较差,回答问题错误较多:6 分;

⑤ 操作差,回答问题基本不正确:3 分;

⑥ 无法完成操作,不能回答出问题:0 分。

3.5.2 目标跟踪(30 分)

(1) 评估要素

① 雷达目标稳定跟踪数据获取,正确解释目标跟踪数据。

② 取消目标跟踪操作,目标丢失原因与确认操作。

③ 矢量运用:根据相对矢量判断安全、非紧迫危险和紧迫危险目标;根据真矢量判断会遇态势。

④ 字母数字数据运用:根据 CPA/TCPA 判断安全、非紧迫危险和紧迫危险目标;根据本船/目标的航向/航速判断会遇态势。

⑤ PAD 运用:判断安全、非紧迫危险和紧迫危险目标。

(2) 评估标准

① 操作正确、熟练,回答问题完整准确:30 分;

② 操作正确、比较熟练,回答问题基本准确:24 分;

③ 操作正确、熟练程度一般,回答问题尚准确:18 分;

④ 操作较差,回答问题错误较多:12 分;

⑤ 操作差,回答问题基本不正确:6 分;

⑥ 无法完成操作,不能回答出问题:0 分。

3.6 AIS 报告目标(10 分)

3.6.1 AIS 目标信息(5 分)

(1) 评估要素

① 识别 AIS 休眠目标、激活目标、被选目标、危险目标、丢失目标和轮廓目标;

② 获取 AIS 目标信息:船名/呼号/距离/方位/艏向/COG/SOG/CPA/TCPA/LOA。

(2) 评估标准

① 操作正确、熟练,回答问题完整准确:5 分;

② 操作正确、比较熟练,回答问题基本准确:4 分;

③ 操作正确、熟练程度一般,回答问题尚准确:3 分;

④ 操作较差,回答问题错误较多:2 分;

⑤ 操作差,回答问题基本不正确:1 分;

⑥ 无法完成操作,不能回答出问题:0 分。

3.6.2 雷达跟踪目标与 AIS 报告目标关联(5 分)

(1) 评估要素

① AIS 辅助雷达避碰的操作;

② 雷达跟踪目标与 AIS 报告目标关联设置、选择关联优先权。

(2) 评估标准

① 操作正确、熟练,回答问题完整准确:5 分;

② 操作正确、比较熟练,回答问题基本准确:4 分;

③ 操作正确、熟练程度一般,回答问题尚准确:3 分;

④ 操作较差,回答问题错误较多:2 分;

⑤ 操作差,回答问题基本不正确:1 分;

⑥ 无法完成操作,不能回答出问题:0 分。

3.7 试操船(5 分)

(1) 评估要素

① 启动试操船的准备:提前 3 min 捕获近距离相关目标;选择试操船期间关注目标。

② 试操船操作:输入试操船航向/航速/操船前延时/船舶操纵性能参数;监视目标航向/航速变化;终止试操船时机得当。

③ 获得有效的避碰方案。

④ 利用试操船确定恢复原航向和/或航速的时机。

(2) 评估标准

① 操作正确、熟练,回答问题完整准确:5 分;

② 操作正确、比较熟练,回答问题基本准确:4 分;

③ 操作正确、熟练程度一般,回答问题尚准确:3 分;

④ 操作较差,回答问题错误较多:2 分;

⑤ 操作差,回答问题基本不正确:1 分;

⑥ 无法完成操作,不能回答出问题:0 分。

4. 评估方法

4.1 评估形式

被评估者须按照本规范要求现场完成设备实操和/或解答评估员的问题。

4.2 成绩评定

① 二/三副满分 100 分,60 分及以上及格。管理级满分 100 分,80 分及以上及格。

② 在真实雷达设备进行 3.1 项评估,评估及格后方可进行后续评估。

③ 3.4 和 3.5 必须分别达到及格分,否则本评估不及格。

④ 3.5.2 中"③矢量运用"必须准确完成,否则本评估不及格。

4.3 评估时间

3.1 项评估时间不超过 5 分钟;3.2 项和 3.3 项总评估时间不超过 15 分钟;3.4 评估时间不超过 15 分钟;3.5,3.6 和 3.7 项总评估时间不超过 15 分钟。

第六章　雷达操作与应用练习题

一、选择题

1. 使用现代雷达进行船舶导航时，为准确无误地识别雷达影像，首要的工作是（　　）。

A. 改变量程　　B. 将自动功能改为手动

C. 掌握相应海区物标的特征和性质　　D. 设置识别符号

2. 雷达正常开机调整之后，荧光屏上所显示的物标回波亮度的强弱将取决于（　　）。

A. 物标的反射性能　　B. 物标的大小

C. 物标的远近　　D. A+C

3. 船用导航雷达发射的电磁波遇到物标后，可以（　　）。

A. 穿过去　　B. 较好地反射回来

C. 全部绕射过去　　D. 以上均对

4. 下列哪些物标不容易被雷达发现（　　）。

A. 大型拖轮　　B. 木质渔船　　C. 玻璃钢游艇　　D. B+C

5. 下列物标尺寸中最能影响对雷达波反射性能的是（　　）。

A. 物标高度　　B. 物标深度　　C. 物标宽度　　D. 以上都是

6. 下列对雷达波反射性能最强的物标形状是（　　）。

A. 平板状物体　　B. 角反射器　　C. 球状物体　　D. 圆柱状物体

7. 下列对雷达波反射性能最强的物标形状是（　　）。

A. 锥体　　B. 角反射器　　C. 球状物体　　D. 圆柱状物体

8. 对于一个点物标，造成其雷达回波横向扩展的因素是（　　）。

A. 物标闪烁　　B. 水平波束宽度　　C. CRT 光点直径　　D. A+B+C

9. 造成雷达荧光屏边缘附近雷达回波方位扩展的主要因素是（　　）。

A. 水平波束宽度　　B. 垂直波束宽度

C. 脉冲宽度　　D. CRT 光点直径

10. 造成雷达荧光屏中心附近雷达回波方位扩展的主要因素是（　　）。

A. 水平波束宽度　　B. 垂直波束宽度

C. 脉冲宽度　　D. CRT 光点直径

11. 能够减小雷达物标回波方位扩展影响的方法是(　　)。

A. 适当减小增益　　B. 采用小量程

C. 采用 X 波段雷达　　D. A+B+C

12. 下列操作可减小雷达物标回波方位扩展的影响的是(　　)。

A. 适当增大扫描亮度　　B. 适当减小扫描亮度

C. 适当减小增益　　D. B+C

13. 用雷达观测两个等距离上相邻方位的物标时，为在雷达荧光屏上分离它们的回波，应(　　)。

A. 使用短脉冲工作　　B. 使用长脉冲

C. 使用 FTC 电路　　D. 尽可能用小量程

14. 本船前方河道入口处两侧有陡山，河口宽度为 300 m，雷达天线水平波束宽度为 1°，本船离河口(　　)n mile 以外时，雷达荧光屏上河口将被两侧陡山回波堵满。

A. 7.5　　B. 9.3　　C. 10.4　　D. 6

15. 造成雷达物标回波径向扩展的因素是(　　)。

A. 脉冲宽度　　B. CRT 光点直径

C. 物标闪烁　　D. A+B+C

16. 造成雷达物标回波径向扩展的主要因素是(　　)。

A. 脉冲宽度　　B. CRT 光点直径

C. 物标闪烁　　D. 水平波束宽度

17. 本船前方同一方位上有两艘小船，相距 150 m，若要在雷达荧光屏上使这两艘小船回波分开显示，则在(　　)脉冲宽度上才行。

A. 0.8 μs　　B. 1.2 μs　　C. 1.5 μs　　D. 2 μs

18. 本船前方同一方位有两艘小船，本船雷达脉冲宽度为 0.8 μs，要在雷达荧光屏上分开显示这两个目标，不考虑光点直径的影响，这两艘船至少相距(　　)。

A. 240 m　　B. 24 n mile　　C. 120 m　　D. 1.2 n mile

19. 本船前方同一方位上有两艘小船，相距 120 m，若要在雷达荧光屏上分开显示它们的回波，下述操作正确的是(　　)。

A. 选用具有 0.8 μs 以下脉冲宽度的量程

B. 选用具有 1.2 μs 以上脉冲宽度的量程

C. 选用具有 1°水平波束宽度的 X 波段雷达

D. 选用具有 2°水平波束宽度的 S 波段雷达

20. 下列方法可减小雷达物标回波的失真的是(　　)。

A. 调好聚焦　　B. 将“聚焦”旋钮顺时针稍稍调偏一些

C. 将“聚焦”旋钮逆时针调偏一些　　D. 以上均错

21. 造成雷达图像回波与物标形状不符的原因是(　　)。

A. 被高大物标遮挡　　B. 雷达分辨力差

C. 聚焦不佳　　D. 以上三者都是

22. 造成雷达图像回波与物标实际形状不符的原因是(　　)。

A. CRT 光点直径　　B. 天线水平波束宽度

C. 发射脉冲宽度　　D. 以上都是

23. 船用导航雷达显示的物标回波的大小与物标的(　　)有关。

A. 总面积　　B. 总体积

C. 迎向面垂直投影　　D. 背面水平伸展的面积

24. 雷达荧光屏上所显示的物标回波的大小与(　　)有关。

A. 量程大小的选择　　B. 物标水面上的体积

C. 迎向有效反射面积　　D. A+C

25. 海图上是连续的岸线,而在雷达荧光屏上变成断续的岸线回波,其原因可能是(　　)。

A. 被中间较高的物标所遮挡　　B. 由于部分岸线地势较低

C. 可能有部分岸线处在阴影扇形内　　D. 以上均可

26. 造成 TV 扫描雷达图像回波失真的原因是(　　)。

A. 方位、距离单元值太大　　B. 回波视频分层数太少

C. 视频处理中门限电平太高　　D. A+B+C

27. 过江电缆的雷达回波常常是(　　)。

A. 一个点状回波　　B. 一条直线回波

C. 一条虚线状回波　　D. 以上均可

28. 造成过江电缆的雷达回波是一个亮点的原因是(　　)。

A. 距离太远　　B. 电缆太细

C. 电缆表面很光滑　　D. 电缆表面太粗糙

29. 快速物标(如飞机等)的雷达回波常常是(　　)。

A. 连续的一条亮线　　B. 跳跃式的回波

C. 与通常速度的船舶一样　　D. 与小岛等回波一样

30. 本船雷达天线海面以上高度为 16 m,小岛海面以上高度为 25 m,在理论上该岛在距本船(　　)远的距离内才能探测得到。

A. 20 m　　B. 20 km　　C. 20 n mile　　D. 以上均不对

31. 本船雷达天线海面以上高度为 16 m,小岛海面以上高度为 36 m,在理论上该岛在距本船(　　)远的距离内才能探测得到。

A. 20.9 n mile　　B. 22.3 n mile　　C. 22.3 km　　D. 以上均不对

32. 本船雷达天线海面以上高度为 16 m,前方有半径为 4 n mile 的圆形小岛,四周平坦,中间为山峰,海面以上高度为 25 m。当本船驶向小岛时,雷达荧光屏上首先出现的回波是小岛(　　)部分的回波。

A. 离船最近处的岸线　　B. 离船最远处的岸线

C. 山峰　　D. A、C 一起出现

33. 本船雷达天线海面以上高度为 16 m,前方有半径为 14 n mile 的圆形岛屿,四

周平坦，中间为山峰，海面以上高度为 25 m。当本船驶向小岛时，雷达荧光屏上首先出现的回波是小岛(　　)部分的回波。

A. 离船最近处的岸线　　B. 离船最远处的岸线

C. 山峰　　D. A、B、C 一起出现

34. 本船雷达天线海面以上高度为 16 m，前方有半径为 2 n mile 的圆形小岛，四周低，中间为山峰，海面以上高度为 49 m。当本船离小岛 4 n mile 时，雷达荧光屏上该岛回波的内缘(离船最近处)对应于小岛的(　　)。

A. 山峰　　B. 离船最近的岸线

C. 山峰与岸线间的某处　　D. 以上均不对

35. 本船雷达天线海面以上高度为 16 m，前方有半径为 2 n mile 的圆形小岛，四周低，中间为山峰，海面以上高度为 49 m。当本船离小岛 14 n mile 时，雷达荧光屏上该岛回波的内缘(离船最近处)对应于小岛的(　　)。

A. 山峰　　B. 离船最近的岸线

C. 山峰与岸线间的某处　　D. 以上均不对

36. 远处小岛上有两个横向分布的陡峰，间距为 1 n mile，海面以上高度均为 36 m，本船雷达天线海面以上高度为 16 m，本船离该岛至少(　　) n mile 以外时，小岛回波将分离成两个回波。

A. 6　　B. 9　　C. 16　　D. 20

37. 远处小岛上有两个横向分布的陡峰，间距为 1 n mile，海面以上高度均为 36 m，本船雷达天线海面以上高度为 16 m，本船驶近该岛(　　) n mile 以内时，小岛回波将成为一个回波。

A. 6　　B. 8　　C. 16　　D. 20

38. 在雷达荧光屏局部区域上出现的一片疏松的棉絮状的干扰回波是(　　)回波。

A. 雨雪干扰　　B. 噪声干扰　　C. 海浪干扰　　D. 同频干扰

39. 减小雷达物标回波方位扩展影响的方法是(　　)。

A. 适当减小增益　　B. 采用小量程

C. 采用 X 波段雷达　　D. A+B+C

40. 雷达荧光屏上雨雪干扰的强弱决定于(　　)。

A. 雨雪区的分布面积　　B. 雨雪区的体积

C. 雨雪区迎向面面积　　D. 以上都不是

41. 雷达荧光屏上雨雪干扰的强弱决定于(　　)。

A. 雨区面积的大小　　B. 降雨量的大小

C. A+B　　D. 以上均不对

42. 在雷达荧光屏上能形成类似小岛回波一样强度的雨雪干扰的雨量是(　　)。

A. 小雨　　B. 中雨

C. 大雨　　D. 热带大暴雨

43. 当船舶航行于低纬度海区时，进行雷达观测，应引起特别警觉的情况是(　　)，

未调好(　　)。

A. 近距离物标长　　短脉冲

B. 远距离物标　　增益

C. 一片积雨云下的物标　　雨雪干扰抑制

D. 远距离物标　　调谐

44. 抑制雷达雨雪干扰的方法是(　　)。

A. 使用 FTC 电路　　B. 使用圆极化天线

C. 使用 S 波段雷达　　D. 以上均可

45. 抑制雷达雨雪干扰的方法是(　　)。

A. 适当减小增益　　B. 使用 10 cm 波长雷达

C. 选用窄脉冲　　D. 以上均可

46. 雷达使用圆极化天线后,可以(　　)。

A. 抑制雨雪干扰　　B. 可能丢失对称体物标回波

C. 探测能力下降约 50%　　D. 以上均对

47. 用雷达探测雨雪区中的物标时,应(　　)。

A. 选用 10 cm 波长雷达　　B. 选用圆极化天线

C. 适当使用 FTC　　D. 以上均可

48. 用雷达探测雨雪区域中的物标时,在使用 FTC 后,还应(　　)。

A. 适当加大增益　　B. 适当减小增益

C. 使用 STC　　D. B+C

49. 为抑制雷达的雨雪干扰,可以采用(　　)。

A. 快转速天线雷达　　B. 对数中放

C. CFAR 处理电路　　D. 以上均可

50. 用雷达探测雨雪区域中的物标时,FTC 及增益旋钮的正确用法是(　　)。

A. 使用 FTC,适当减小增益　　B. 使用 FTC,适当增大增益

C. 关掉 FTC,适当减小增益　　D. 关掉 FTC,适当增大增益

51. 用雷达探测雨雪区域后的物标时,FTC 及增益旋钮的正确用法是(　　)。

A. 使用 FTC,适当减小增益　　B. 使用 FTC,适当增大增益

C. 关掉 FTC,适当减小增益　　D. 关掉 FTC,适当增大增益

52. 用雷达探测雨雪区域后面的远处物标时,应(　　)。

A. 选用 S 波段雷达　　B. 选用圆极化天线

C. 选用 FTC　　D. A+B+C

53. 在雷达荧光屏中心附近出现的鱼鳞状亮斑回波,可能是(　　)。

A. 海浪干扰　　B. 雨雪干扰

C. 某种假回波　　D. 以上均可能

54. 在雷达荧光屏中心附近出现的圆盘状亮斑回波,越往外越弱,它是(　　)。

A. 强海浪干扰　　B. 雨雪干扰

C. 某种假回波　　D. 以上都可能

55. 雷达海浪干扰的强度与距离的关系是(　　)。

A. 距离增加时,强度急剧减弱　　B. 距离增加时强度急剧增加

C. 距离增加时,强度缓慢减弱　　D. 以上均不对

56. 雷达荧光屏上海浪干扰显示的范围一般风浪时为(　　)n mile,大风浪时可达(　　)n mile。

A. 6～8　10　　B. 10～12　16

C. 1～2　5　　D. 0.5～1　3

57. 雷达荧光屏上海浪干扰强弱与风向的关系为(　　)。

A. 上风舷弱　　B. 上风舷强

C. 下风舷强　　D. 与风向无关

58. 本船航向正北,东风八级,雷达荧光屏上海浪干扰最强,伸展得较远的位置在(　　)。

A. 船首方向　B. 右舷　C. 左舷　D. 船尾

59. 从雷达荧光屏上出现的海浪干扰回波中识别物标回波的主要方法是(　　)。

A. 海浪回波强,物标回波弱　　B. 海浪回波弱,物标回波弱

C. 海浪回波小,物标回波大　　D. 物标回波稳定,少变化

60. 海浪干扰强弱与雷达工作波长的关系为(　　)。

A. 波长越长,强度越弱　　B. 波长越短,强度越弱

C. 强弱与波长无关　　D. 以上说法均不对

61. 下述有关影响雷达海浪干扰强弱的说法中,(　　)是不正确的。

A. 垂直波束越大,干扰越强　　B. 天线高度越高,干扰越强

C. 天线转速越慢,干扰越强　　D. 脉冲宽度越窄,干扰越强

62. 下述有关影响雷达海浪干扰强弱的说法中,(　　)是不正确的。

A. 水平波束宽度越宽,干扰越强

B. 脉冲宽度越宽,干扰越强

C. 海浪较小时,水平极化波引起的干扰较垂直极化波强

D. 海浪较大时,水平极化波引起的干扰较垂直极化波强

63. 下述有关影响雷达海浪干扰强弱的说法中,(　　)是不正确的。

A. 水平波束宽度越宽,干扰越强

B. 脉冲宽度越宽,干扰越强

C. 海浪较小时,垂直极化波引起的干扰较垂直极化波强

D. 海浪较大时,垂直极化波引起的干扰较垂直极化波强

64. 下列能够抑制雷达海浪干扰的方法是(　　)。

A. 适当使用STC旋钮　　B. 使用对数放大器

C. 使用S波段雷达　　D. 以上均可

65. 雷达中抑制海浪干扰的方法是(　　)。

A. 采用 10 cm 波长雷达　　B. 采用高转速天线
C. 采用 CFAR 处理电路　　D. 以上均可

66. 雷达使用 STC 后，应特别注意(　　)。
A. 近距离小物标回波可能丢失　　B. 远距离小物标回波可能丢失
C. A+B　　D. 对物标回波强度无影响

67. 雷达接收机中使用对数放大器后，应注意(　　)。
A. 可能丢失强度与海浪干扰强度相近的回波
B. 可能丢失远处小回波
C. A+B
D. 不用担心上述问题

68. 雷达采用 CFAR 处理电路抑制海浪干扰后，应注意(　　)。
A. 可能丢失远处弱回波　　B. 可能丢失强杂波边缘小物标
C. A+B　　D. 不用担心上述问题

69. 在雷达荧光屏上发现 5 n mile 内较暗，除固定距标、艏线、EBL 外，其他信号(如噪声和回波信号)均很弱，而在 5 n mile 外，噪声、回波等均很正常，此时，应调整(　　)控钮。
A. 扫描亮度　　B. 调谐　　C. STC　　D. 增益

70. 雷达抗干扰开关的控钮中，通常(　　)为常开。
A. 雨雪干扰　　B. 海浪干扰
C. 收发开关　　D. 监视器开关

71. 当船舶航行于大风浪水域时，进行雷达观测，应引起特别警觉的情况是(　　)，未调好(　　)。
A. 近距离目标长　　短脉冲　　B. 近距离目标　　海浪抑制
C. 远距离目标　　调谐　　D. 远距离目标　　海浪抑制

72. 产生雷达同频干扰的条件是(　　)。
A. 两部雷达均属同一频段　　B. 两部雷达相距较近
C. 两部雷达同时工作　　D. A+B+C

73. 两部雷达重复频率相同时，其干扰图像是(　　)。
A. 散乱光点　　B. 螺旋线状光点
C. 辐射状光点　　D. 以上均不对

74. 两部雷达重复频率相差不大时，其干扰图像是(　　)。
A. 散乱光点　　B. 螺旋线状光点
C. 辐射状光点　　D. 以上均不对

75. 两部雷达重复频率相差很大时，其干扰图像是(　　)。
A. 散乱光点　　B. 螺旋线状光点
C. 辐射状光点　　D. 以上均不对

76. 抑制或削弱雷达同频干扰的方法是(　　)。

A. 使用同频干扰抑制器　　B. 改用较小量程

C. 改用另一频段的雷达　　D. 以上均可

77. 雷达使用同频干扰抑制器后应注意(　　)。

A. 将增益、调谐、STC 等调至最佳位置　　B. 关掉 FTC

C. A+B　　D. 以上控钮均不会影响抑制效果

78. 当雷达荧光屏上出现严重电火花干扰时,应该(　　)。

A. 减小扫描亮度,继续使用　　B. 减小增益,继续使用

C. 关掉雷达,修复后再用　　D. 将雷达报废

79. 当雷达荧光屏上出现明暗扇形干扰时,应该(　　)。

A. 关掉雷达,修复后再用

B. 关掉 AFC,改用手动调谐继续使用

C. 立即调节显示器面板上的调谐旋钮即可

D. B 或 C 均可

80. 雷达出现间接反射回波的必要条件是(　　)。

A. 附近存在强反射体　　B. 天线有足够大的增益

C. 发射功率要足够大　　D. 天线旁瓣要大

81. 在雷达荧光屏上的阴影扇形区内出现的回波有可能是(　　)。

A. 雨雪干扰　　B. 多次反射

C. 间接反射回波　　D. 二次扫描回波

82. 雷达荧光屏上的间接反射回波通常出现在(　　)。

A. 阴影扇形区内　　B. 船首标志线上

C. 船尾线方向上　　D. 盲区内

83. 雷达荧光屏上间接回波的距离等于(　　)。

A. 物标的实际距离　　B. 物标到间接反射体的距离

C. 间接反射体到天线的距离　　D. B+C

84. 在雷达阴影扇形区内出现回波时,可采用(　　)方法判断其真假。

A. 暂时改变航向　　B. 利用 STC 钮

C. 减小增益　　D. 改变量程

85. 船首向上相对运动显示方式,本船转向时,间接回波在雷达荧光屏上的位置(　　)。

A. 固定不动

B. 以与船首转动方向相同的方向移动

C. 以与船首转动方向相反的方向移动

D. 固定不动或回波消失

86. 真北向上相对运动显示方式,本船转向时,间接回波在雷达荧光屏上的位置(　　)。

A. 固定不动

B. 以与船首转动方向相同的方向移动或消失

C. 以与船首转动方向相反的方向移动或消失

D. 固定不动或回波消失

87. 雷达荧光屏上可能出现多次反射回波的条件是(　　)。

A. 物标距离较近　　B. 物标反射强度较强

C. A+B　　D. 不需要特殊要求

88. 船舶在狭水道航行时,在雷达荧光屏上常常能观测到的假回波是(　　)。

A. 多次反射回波　　B. 间接反射回波

C. 二次扫描回波　　D. A+B

89. 船舶在宽阔的海面上追越或相遇他船时,在雷达荧光屏上常常能观测到的假回波是(　　)。

A. 间接反射回波　　B. 多次反射回波

C. 二次扫描回波　　D. ·A+B

90. 雷达荧光屏上多次反射回波的特点是(　　)。

A. 在同一方向上　　B. 距离间隔均等于真回波距离

C. 越往外面,回波越弱　　D. A+B+C

91. 雷达抑制多次反射回波的方法是(　　)。

A. 使用 STC　　B. 适当减小增益

C. 使用 FTC　　D. B+C

92. 雷达荧光屏上可能出现旁瓣回波的条件是(　　)。

A. 近距离　　B. 中距离

C. 远距离　　D. 三者都可能

93. 雷达荧光屏上旁瓣回波的特点是(　　)。

A. 距离等于真回波距离　　B. 对称分布于真回波两侧

C. 越向两侧强度越弱　　D. A+B+C

94. 在雷达荧光屏上,一个强回波两侧等距圆弧上对称分布的若干回波点,它们是(　　)。

A. 二次扫描回波　　B. 多次反射回波

C. 间接反射回波　　D. 旁瓣回波

95. 雷达抑制旁瓣回波的方法是(　　)。

A. 适当使用 STC　　B. 适当减小增益

C. 适当使用 FTC　　D. 以上均可

96. 船舶在锚泊或靠泊操纵时,雷达荧光屏上常常能观测到的假回波是(　　)。

A. 多次反射回波　　B. 旁瓣回波

C. 二次扫描回波　　D. A 或 B

97. 雷达荧光屏上可能出现二次扫描假回波的大气传播条件是(　　)。

A. 欠折射　　B. 超折射

C. 气压较低的天气　　　　　　　　D. 存在较低的雨层云

98. 远处直岸线在雷达荧光屏上变成向扫描中心凸出的回波，它是(　　)。

A. 二次扫描假回波　　　　　　　　B. 雷达存在测距误差

C. 雷达存在方位误差　　　　　　　D. B 和 C

99. 雷达荧光屏上二次扫描回波的特点是(　　)。

A. 方位是物标的实际方位

B. 距离等于实际距离减去 $CT/2$(注：T 为脉冲重复周期)

C. 回波形状严重失真

D. 以上都是

100. 在雷达荧光屏上判断是否是二次扫描回波的方法是(　　)。

A. 改变航向　　B. 改变量程　　C. 进一步调谐　　D. 适当改变增益

101. 改变雷达量程时，荧光屏上二次扫描回波将(　　)。

A. 方位改变

B. 距离改变

C. 改变在屏上的位置，但测得的距离不变

D. A＋B

102. 改变雷达量程时，荧光屏上二次扫描回波将(　　)。

A. 方位不变　　B. 距离改变　　C. 消失　　D. B 或 C

103. 为减小雷达测距误差，应选择合适量程，使被测回波处于(　　)。

A. 荧光屏中心附近　　　　　　　B. 荧光屏边缘附近

C. 荧光屏离中心 2/3 半径附近　　D. A、B、C 均可

104. 在雷达小量程档观测，发现两侧笔直岸线在荧光屏上呈向扫描中心凸出的曲线，说明(　　)。

A. 是岸线的二次扫描回波　　　　B. 雷达测距误差为"＋"

C. 雷达测距误差为"－"　　　　　D. B 或 C

105. 在雷达小量程档观测，发现两侧笔直岸线在屏上呈中间向外弯曲的曲线，说明(　　)。

A. 是岸线的二次扫描假回波　　　B. 雷达测距误差为"＋"

C. 雷达测距误差"－"　　　　　　D. B 或 C

106. 当雷达显示器的距离扫描起始时间与发射脉冲离开天线的时间不同步时，会产生(　　)。

A. 方位误差　　　　　　　　　　B. 距离误差

C. A＋B　　　　　　　　　　　　D. A、B 均不会产生

107. 为减小雷达测距误差，在测量物标岸线回波时，应该(　　)。

A. 用 VRM 内缘与回波内缘相切　　B. 用 VRM 外缘与回波外缘相切

C. 用 VRM 内缘与回波外缘相切　　D. 用 VRM 外缘与回波内缘相切

108. 为减小雷达测距船位误差，在测量远处山峰回波时，应该(　　)。

A. 用 VRM 内缘与回波内缘相切　　B. 用 VRM 外缘与回波外缘相切

C. 用 VRM 内缘与回波外缘相切　　D. 用 VRM 外缘与回波内缘相切

109. 本船雷达天线海面以上高度为 16 m，前方小岛岸线离处在小岛中央的山峰的水平距离为 4 n mile，当本船离小岛岸线的距离为 12 n mile 时，欲用小岛距离定位，应用 VRM 测量该岛回波（　　）部位。

A. 内缘（最近处）　　B. 外缘（最远处）

C. 回波中央　　D. 以上均可

110. 本船雷达天线海面以上高度为 16 m，前方小岛岸线离处在小岛中央的山峰的水平距离为 4 n mile，当本船离小岛岸线的距离为 4 n mile 时，欲用小岛距离定位，应用 VRM 测量该岛回波（　　）部位。

A. 内缘（最近处）　　B. 外缘（最远处）

C. 回波中央　　D. 以上均可

111. 为减小雷达测距误差，下述说法错误的是（　　）。

A. 适当调节各控钮，使回波清晰、饱满

B. 应经常检查距标的精度，掌握其误差

C. 应将 VRM 的中心与回波的中心精确重合

D. 应选择陡峭、回波清晰稳定的物标

112. 某船雷达天线移位，横移距离及高度变化较大时，应注意测定、校正（　　）。

A. 方位误差　　B. 距离误差　　C. A＋B　　D. 均不需要

113. 某船雷达收发机转移地方，波导长度改变较大时，应注意测定、校正（　　）数据。

A. 方位误差　　B. 距离误差　　C. A＋B　　D. 均不需要

114. 为减小雷达测距船位误差，对首尾方向和正横方向物标的测量顺序应该是（在不能同时观测的情况下）（　　）。

A. 先首尾方向，后正横方向　　B. 先正横方向，后首尾方向

C. 与先后次序无关　　D. 以上都不对

115. 当本船对准远处小物标航行，而在雷达荧光屏上该物标回波不落在艏线上说明（　　）。

A. 艏线未对准固定方位 0°　　B. 雷达有方位误差

C. 雷达有测距误差　　D. 雷达有故障

116. 在检查雷达有无方位误差时，测量物标的雷达舷角时，该舷角的基准是（　　）。

A. 固定方位盘的 0°　　B. 艏线

C. 任意选定的基准线　　D. A 或 B

117. 当雷达显示器荧光屏上的扫描中心与屏中心不重合时，若用机械方位标尺测方位，下述说法中错误的是（　　）。

A. 扫描中心离屏中心越近，误差越小

B. 物标回波离扫描中心越远，误差越小

C. 物标回波方位线与扫描中心偏离屏中心的方向间的夹角越接近0°或180°，误差越小

D. 选用量程越大，误差越小

118. 下列影响雷达测方位误差的设备因素中，正确的是(　　)。

A. 天线水平波束宽度越窄，方位误差越小

B. 脉冲宽度越窄，方位误差越小

C. CRT直径越大，光点直径越小，方位误差越大

D. 隙缝波导天线主波束轴向偏移角是稳定的，不影响方位误差

119. 有关雷达荧光屏上艏线位置影响测方位误差大小的下述说法中错误的是(　　)。

A. 艏线出现的时间应该是天线主波束转过船首的时间

B. 艏线宽度应不大于0.5°

C. 在船首向上显示方式中，扫描中心在屏中心时，艏线应对准固定方位盘0°

D. 在真北向上显示方式中，不管扫描中心在屏上哪个位置，艏线均应指向固定方位刻度盘上的航向值

120. 为减小雷达测方位误差，船舶摇摆时，下述说法中错误的是(　　)。

A. 应尽可能选择船舶正平时测量方位

B. 应尽可能选择45°、135°、225°及315°方位上的物标定位

C. 横摇大时，尽可能选择测正横方向的物标

D. 纵摇大时，尽可能选择测首尾方向的物标

121. 为减小雷达方位定位误差，下述措施中错误的是(　　)。

A. 应正确调节各控钮，使回波图像清晰稳定

B. 应尽量选用调节各控钮，使回波处于2/3半径附近

C. 应尽量选用真北向上显示方式和用EBL测量

D. 应尽量选用船首向上显示方式和用机械方位标尺测量

122. 雷达测量点状物标方位时，应该将方位标尺线压住回波的(　　)。

A. 左边沿　　B. 右边沿

C. 中心　　D. 内侧边

123. 雷达测量横向的岬角、突堤方位时，应该将方位标尺线压住(　　)。

A. 回波边缘，读数减去角向肥大值　　B. 中心

C. 回波边缘，读数加上角向肥大值　　D. A或C

124. 雷达测量大物标方位时，为消除CRT光点直径对回波的扩大效应，应该(　　)。

A. 用EBL与回波进行同侧外缘重合　　B. 用EBL与回波进行异侧外缘重合

C. 用EBL与回波进行同侧内缘重合　　D. 用EBL与回波进行异侧内缘重合

125. 雷达测量物标方位定位时，为消除天线水平波束宽度(θ_H)的影响，应该(　　)。

A. 在所测方位上加上 $\theta_H/2$

B. 在所测方位中减去 $\theta_H/2$

C. 在回波图像的扫描线进入端所测方位上加 $\theta_H/2$，在扫描线离开端所测方位中减去 $\theta_H/2$

D. A 或 B 均可

126. 为减小雷达测方位定位误差，在不能同时测量的情况下，对首尾方向和正横方向物标的测量顺序应该是(　　)。

A. 先测正横方向，后测首尾方向　　B. 先测首尾方向，后测正横方向

C. A 或 B 均可　　D. 以上均不可

127. 雷达更换磁控管或调制管后，应注意重新测定(　　)。

A. 距离误差　　B. 方位误差

C. A+B　　D. 均不需要

128. 船舶航行时，雷达选择对水真运动显示方式，荧光屏上显示的回波位置静止不动的物标是(　　)。

A. 同向同速船　　B. 小岛等静止的物标

C. 水上漂浮物　　D. 同向船

129. 船舶航行时，雷达选择相对运动显示方式，物标在荧光屏上显示的位置静止不动，该物标是(　　)。

A. 同向同速船　　B. 小岛等静止物标

C. 水上漂浮物　　D. 同向船

130. 对雷达波反射性能较好的物标形状为(　　)。

A. 平板组成的角反射体　　B. 圆柱形物体

C. 球形物体　　D. 锥形物体

131. 对雷达波反射性能较强的物质是(　　)。

A. 海水　　B. 冰块　　C. 岩石　　D. 金属板

132. 对雷达波反射性能最差的物标是(　　)。

A. 岛屿　　B. 飘浮的货船

C. 葫芦形冰山　　D. 岬角

134. 对雷达定位使用效果最好的是(　　)。

A. 雷达角反射器　　B. Ramark

C. Racon　　D. 雷达回波增幅器

135. 采用单物标雷达方位距离定位时，选用物标最重要的一条是(　　)。

A. 小而孤立　　B. 位置准确，可靠

C. 尽量近距离的　　D. 要有一定的高度

136. 下列物标中，用作雷达定位较好的是(　　)。

A. 离岸线较远的高山　　B. 突堤的端头灯塔

C. 风暴过后的近处浮标　　D. A 或 B

137. 如果远处一个小岛，左边是平缓的沙滩岸线，右边是陡岸，在雷达定位时，应该选用(　　)。

A. 左边岸线　　B. 右边岸线

C. A 或 B 均可　　D. 以上均不对

138. 远洋航行初近陆地时，利用陆地上的高山雷达定位，对所得船位的正确态度是(　　)。

A. 很可靠，放心使用　　B. 不一定准，仅供参考

C. 没有参考价值，不应定位　　D. 以上说法均不对

139. 下列物标中，用作雷达定位较好的是(　　)。

A. 浮标　　B. 建筑群中的较高的灯塔

C. 陡峭岸角　　D. 沙滩岸线

140. 下列物标中，不能用作雷达定位的是(　　)。

A. 小岛　　B. 雷达应答标

C. 平缓的沙滩岸线　　D. 岬角

141. 采用雷达单物标方位距离定位时，最重要的是(　　)。

A. 测量距离要准　　B. 测量方位要准

C. 测量速度要快　　D. 要选位置准确可靠的物标

142. 雷达定位选择物标时，下述说法不准确的是(　　)。

A. 应选择回波稳定，亮而清晰的物标

B. 应尽量选择近而可靠的物标

C. 应尽量选择交角好的 2～3 个物标

D. 应尽量选择有醒目颜色标记的港区背后高大的烟囱

143. 在大洋中，用远距离较高小岛雷达距离定位时，应该用(　　)。

A. 小岛的岸线　　B. 小岛的山峰

C. 小岛半山腰的某处　　D. 以上均可

145. 选用三物标雷达定位时，物标交角最好的是(　　)。

A. 30°　　B. 60°　　C. 90°　　D. 120°

146. 选用二物标雷达定位时，物标交角最好的是(　　)。

A. 30°　　B. 60°　　C. 90°　　D. 120°

147. 在要求船位精度较高的情况下，应选用(　　)雷达定位方法。

A. 距离　　B. 方位

C. 距离、方位混合　　D. 以上方法均可

148. 雷达应答器是一种(　　)的雷达航标。

A. 有源主动　　B. 有源被动

C. 无源　　D. 以上均不对

149. 雷达应答器的工作由(　　)控制。

A. 按应答器自己的规律定时发射脉冲信号

B. 在雷达脉冲激发后再发射

C. 至少有两部雷达同时激发后才发射

D. 由雷达应答器控制人员操纵工作

150. 雷达应答器发射的无线电波的极化方式是(　　)。

A. 水平极化　　B. 垂直极化　　C. 圆极化　　D. 以上均可

151. 雷达应答器的工作波段大多数是(　　)。

A. S 波段　　B. X 波段

C. C 波段　　D. 上述各波段一样多

152. 雷达应答器发射(　　)编码脉冲。

A. ASCⅡ码　　B. 格雷码　　C. 莫尔斯码　　D. 以上都有

153. 有关雷达应答器的信息可以查阅(　　)。

A.《无线电信号表》第一卷　　B.《无线电信号表》第二卷

C.《无线电信号表》第五卷　　B.《无线电信号表》第六卷

154. 在英版无线电信号表中查得某雷达航标的资料为 Souter Lt Racon 54°58′.23N 1°21′.80W 5135 (3 810 cm)135°—350° 10 n miles T,说明该标(　　)。

A. 适用于 3 cm 和 10 cm 雷达的雷达信标(指向标)

B. 仅适用于 10 cm 雷达的雷达信标

C. 既适用于 3cm 雷达,也适用于 10 cm 雷达的雷达应答标

D. 仅适用于 3 cm 雷达的雷达应答标

155. 在英版无线电信号表中查得某雷达应答标的资料为 Souter Lt Racon 54°58′.23N 1°21′.80W 5135 135°～350° 10 n miles T,说明该标(　　)。

A. 仅适用于 3 cm 雷达

B. 仅适用于 10 cm 雷达

C. 既适用于 3 cm 雷达,也适用于 10 cm 雷达

D. 对雷达波长无要求

156. 在英版无线电信号表中查得某雷达航标的资料为 Souter Lt Racon 54°58′.23N 1°21′.80W 5135 135°～350° 10 n miles T,说明该标(　　)。

A. 仅适用于 3 cm 雷达的雷达信标(指向标)

B. 仅适用于 10 cm 雷达的雷达信标

C. 既适用于 3 cm 雷达,也适用于 10 cm 雷达的雷达应答标

D. 仅适用于 3 cm 雷达的雷达应答标

157. 雷达应答器的回波图像是(　　)。

A. 在应答器所在方位上呈 1°～3°的扇形点线

B. 在应答器方位上的一条虚线

C. 在应答器台架回波后的编码回波

D. 在应答器台架回波后的扇形弧线

158. 在雷达荧光屏上雷达应答器的图像显示特点是(　　)。

A. 只要雷达工作，每次天线扫描均可见到它

B. 随天线的旋转连续显示几次后会消失几次

C. 一旦显示后，不会再消失，除非关掉雷达

D. 显不显示，可以按需要选择

159. 雷达可以测量雷达应答器的(　　)数据。

A. 方位　　B. 距离

C. A 和 B　　D. 以上均不能测量

160. 雷达应答器一般安装在(　　)。

A. 海上重要的孤立物标上(如浮标、小岛、平台等)

B. 装在陆地上特殊的物标上(如烟囱、山峰等)

C. 装在港口重要的建筑物上

D. 以上都有

161. 搜救雷达应答器(SART)是一种(　　)的航标。

A. 主动有源　　B. 被动有源　　C. 无源航标　　D. 以上都有

162. 搜救雷达应答器，(　　)时能响应雷达脉冲信号。

A. 应答器内有足够的电源

B. 由人工启动或自动启动后

C. 雷达天线与应答器天线之间无阻挡，且在有效距离内

D. A+B+C

163. 搜救雷达应答器，(　　)时发射信号。

A. 由人工或自动启动后　　B. 抛入水中后

C. 收到雷达脉冲激发后　　D. A+C

164. (　　)波段的雷达可以激发和接收搜救雷达应答器的信号。

A. S 波段　　B. X 波段　　C. C 波段　　D. 以上都可以

165. (　　)极化方式的雷达可以激发和接收搜救雷达应答器的信号。

A. 水平极化　　B. 垂直极化　　C. 圆极化　　D. 以上均可

166. 搜救雷达应答器的信号在雷达荧光屏上是(　　)。

A. 在应答器位置后一串(至少 12 个)等间隔短划线，总长度约 8 n mile

B. 在应答器位置后一串(6 个)等间隔短划线，总长度 6 km

C. 在应答器位置后一串编码脉冲线

D. 在应答器方向上呈一串等间隔短划线，布满整个扫描线

167. 为尽早发现遇难者清晰显示搜救雷达应答器的信号，下述操作正确的是(　　)。

A. 仔细调谐，使各种回波均清晰、饱满

B. 有意暂时调偏调谐，使海浪、物标等回波均减弱或消失

C. 尽量减小增益

D. 使用各种有利于消除杂波干扰的各种装置，再加上 A 和 C

168. 要在雷达荧光屏上显示全部搜救雷达应答器的 12 个脉冲信号，量程至少应为

(　　)。

A. 6 n mile　　B. 12 n mile　　C. 3 n mile　　D. 24 n mile

169. 搜救雷达应答器是装在(　　)。

A. 航行在国际航线上的船舶上

B. 重要的导航标志上

C. 重要的小岛,岬角上

D. 专门用于搜救遇难船舶人员的救援船和飞机上

170. 一万吨级货船,使用雷达瞭望时,有关量程的使用,准确的是(　　)。

A. 根据航区情况选用后不该改变

B. 应固定用大量程,可看得远些

C. 一般用 12 n mile 量程,但应以 5～10 min 的间隔换用较大的和较小量程搜索海面

D. 应固定用小量程,可看得清楚些

171. 使用雷达后,下述说法错误的是(　　)。

A. 可较放心地进行海图改正等作业,但应定时进行雷达观测

B. 应经常细致观测,发现物标应及时进行标绘

C. 不能只利用雷达进行观测,还要利用其他方法进行瞭望

D. 应根据当时具体情况,随时调节雷达控钮,使回波最好

172. 下述说法中,正确的是(　　)。

A. 雷达荧光屏上只能显示物标当前的位置,不能显示物标动态

B. 雷达荧光屏上能显示物标当前位置,也能显示物标动态

C. 雷达荧光屏上不能显示物标当前位置,只能显示过去位置

D. 雷达荧光屏上可直接显示预测的物标动向

173. 下述说法中正确的是(　　)。

A. 从雷达荧光屏图像可直接看出物标船的动向

B. 从雷达荧光屏上可直接看到避让物标船所需的航向和速度

C. 必须经过雷达标绘,才能求出对物标船的避让航向和速度

D. 从雷达荧光屏上可直接看出物标的航迹变化

174. 雷达观测时,若荧光屏上出现多个物标船回波集聚成片的现象,可采取(　　)的方法继续观测。

A. 增大量程　　B. 减小量程　　C. 增大增益　　D. 减小增益

175. 利用雷达进行导航的基本方法是(　　)。

A. 利用连续的短时间间隔定位　　B. 利用距离避险线

C. 利用方位避险线　　D. 以上均是

176. 采用雷达距离避险线的基本条件是(　　)。

A. 有合适的雷达参考物标　　B. 当时的风流要小

C. 航道要宽阔　　D. 天气要好

177. 采用雷达距离避险线避险时,参考物标应该选择(　　)。

A. 特点明显不易搞错　　　　　　　　B. 回波亮而清晰
C. 测距误差小　　　　　　　　　　　D. A+B+C

178. 可作为雷达距离避险线的参考物标是(　　)。

A. 陡的岸角　　　　　　　　　　　　B. 沙滩岸线
C. 港口建筑中的高塔　　　　　　　　D. 附近海上的工程作业船

179. 当雷达的避险参考物标和危险物的连线与航线平行时,用(　　)避险较好。

A. 距离避险线　　　　　　　　　　　B. 方位避险线
C. 连续定位法　　　　　　　　　　　D. 以上各法均好

180. 当雷达的避险参考物标和危险物的连线与航线垂直时,用(　　)避险较好。

A. 距离避险线　　　　　　　　　　　B. 方位避险线
C. 连续定位法　　　　　　　　　　　D. 以上方法均好

181. 当航线与岸线基本平行时,而航线与岸线间有暗礁等碍航物时,宜采用雷达的(　　)方法导航。

A. 方位避险线　　　　　　　　　　　B. 距离避险线
C. 连续测定船位　　　　　　　　　　D. 以上方法都行

182. 当航线与岸线基本平行时,而航线位于岸线和暗礁等碍航物之间时,宜采用雷达的(　　)方法导航。

A. 平行方位避险线　　　　　　　　　B. 距离避险线
C. 连续测定船位　　　　　　　　　　D. 以上方法都行

183. 在使用雷达距离避险线航行时,应随时操纵船舶使参考物标始终处于(　　)。

A. 距离避险线外侧　　　　　　　　　B. 距离避险线内侧
C. 靠近扫描中心　　　　　　　　　　D. 靠近荧光屏边缘

184. 利用雷达方位避险线导航时,将标尺线放在避险方位上,下列情况安全的是(　　)。

A. 参考物标回波在避险标尺线与艏线之间
B. 参考物标回波在避险标尺线的外侧
C. 参考物标在荧光屏上看不见
D. 参考物标靠近荧光屏中心

185. 大风浪天气利用雷达观测陆标定位时,用(　　)显示方式较好。

A. 北向上　　B. 航向向上　　C. 首向上　　D. 以上都可以

186. 狭水道利用雷达导航时,用(　　)显示方式较好。

A. 船首向上相对运动　　　　　　　　B. 北向上相对运动
C. 对地真运动　　　　　　　　　　　D. 对水真运动

187. 在狭水道用雷达导航时,若用真运动显示方式,则速度的输入是(　　)。

A. 相对于水的速度
B. 相对于地的速度
C. 对水计程仪输入后进行风流校正的速度

D. B或C

188. 利用方位避险线导航时，将方位标尺放在避险方位上，此时雷达的显示方式应是(　　)。

A. 船首向上相对运动　　B. 真北向上相对运动

C. A或B　　D. A或B均不可

189. 利用方位避险线导航时，将电子方位线放在避险方位上，此时雷达的显示方式应选是(　　)。

A. 船首向上相对运动　　B. 真北向上相对运动

C. 对水真北向上真运动　　D. 对地真北向上真运动

190. 狭水道航行，航道较窄，为确保航行安全，在用雷达核实船位时，宜用(　　)。

A. 船首方向远距物标方位核实　　B. 船首方向远距物标距离核实

C. 正横方向近距物标距离核实　　D. 正横方向远距物标方位核实

191. 在狭水道用雷达导航时，量程应该(　　)。

A. 不宜改变

B. 尽量用小量程

C. 尽量用大量程

D. 据航道、航速、船舶密度、视距等适当选用

192. 在狭水道用雷达导航时，以下做法错误的是(　　)。

A. 准备好雷达

B. 准备好航线的有关资料

C. 通知机舱准备好主机

D. 驾驶员只应全力进行在雷达荧光屏上的观测

193. 在狭水道航行时，雷达上容易出现假回波，应注意识别，它们是(　　)。

A. 多次反射回波　　B. 间接回波

C. 旁瓣回波　　D. A+B+C

194. 在狭水道航行时，容易在雷达上出现的假回波有(　　)。

A. 二次扫描回波　　B. 三次扫描回波

C. 多次反射回波　　D. A+B+C

195. 用雷达观测瞭望时，正确的是(　　)。

A. 对运动物标应进行连续标绘，判断动向，求出必要的数据

B. 应定时观测荧光屏，了解物标动向

C. 因为雷达性能很好，很少漏掉物标，故不必经常进行目视瞭望

D. 只应注意船首方向和右舷方向的物标状况，因为它们是最危险的

196. 如果防波堤端头雷达回波刚好在4 n mile距标圈上，雷达所用量程为6 n mile，那么，考虑到雷达本身的可能误差，船离防波堤端头的实际距离应该在(　　)范围内。

A. 4±0.015×6 n mile　　B. 4±0.02×6 n mile

C. 4±0.015×4 n mile　　D. 4±0.02×4 n mile

197. 如果防波堤端头雷达回波刚好在1 n mile距标圈上，雷达所用量程为1.5 n mile，那么，考虑到雷达本身的可能误差，船离防波堤端头的实际距离应该在(　　)范围内。

A. (1±1.5×0.015) n mile　　B. (1±1×0.015)n mile

C. 1 n mile±70 m　　D. 以上都不对

198. 如果防波堤端头雷达回波外缘真方位为100°，考虑雷达本身的可能误差，不考虑人为误差，你认为你船船位应在防波堤端头的(　　)范围内。

A. 280°±1°之内　B. 280°±1°之外　C. 280°±2°之内　D. 280°±2°之外

199. 下列关于雷达船首标志线的说法中正确的是(　　)。

A. 其最大误差不大于±1°　　B. 其宽度不大于±1°

C. A、B都对　　D. A、B都不对

200. 下列关于雷达船首标志线的说法中正确的是(　　)。

A. 其最大误差不大于±0.5°　　B. 其宽度不大于±0.5°

C. A、B都对　　D. A、B都不对

201. 下述说法中正确的是(　　)。

A. 雷达的方位误差经过校正后，不会再改变

B. 雷达的距离误差，经过仔细校正后，不会再改变

C. 应经常注意检查雷达的方位、距离误差

D. 雷达的方位、距离误差随时都会变，每次使用时，必须先校正

202. 下述说法中正确的是(　　)。

A. 雷达误差在安装时已经校正，测量数据可直接使用

B. 虽然在安装时已经校正过误差，但还会存在由于图像扩展等因素引起的误差，也应修正

C. 雷达使用超高频脉冲波，所以测量精度很高，不会有误差

D. 以上说法都对

203. 在雷达荧光屏上显示的回波(　　)。

A. 都是实际物标的回波　　B. 有真回波，也有假回波和干扰杂波

C. 都是假回波　　D. 都是干扰回波

204. 本船周围的物标，在雷达显示器荧光屏上(　　)。

A. 都能稳定显示出来　　B. 只有满足一定条件时才能显示出来

C. 只要高出海面一定高度就能显示出来　D. 只要在一定距离内就能显示出来

205. 下述说法中正确的是(　　)。

A. 只要物标确实在海面上存在，它的回波就能在雷达荧光屏上稳定显示

B. 只要雷达功率足够大，不管物标多远，都能探测到它

C. 只要天线与物标间无阻挡，不管多远的物标都能探测到它

D. 雷达只能探测一定距离范围内且具有一定条件的物标

206. 在船舶满载或空载航行的不同状况下，雷达的(　　)会受到影响。

A. 测距精度　　B. 距离分辨率　　C. 测方位精度　　D. 盲区大小

207. 一个点状物标在雷达荧光屏上的图像是(　　)。

A. 仍是一个点　　B. 被展宽成水平波束宽度

C. 被拉长了 $c\tau/2$　　D. B+C

208. 在雷达荧光屏上可以看到(　　)。

A. 物标的实际形状　　B. 物标的实际水平投影形状

C. 物标垂直投影形状　　D. 物标迎向面的垂直投影形状

209. 船用导航雷达的显示器属于(　　)显示器。

A. 平面位置　　B. 距离高度　　C. 方位高度　　D. 方位仰角

210. 船用导航雷达可以测量船舶周围水面物标的(　　)。

A. 方位、距离　　B. 距离、高度　　C. 距离、深度　　D. 以上均可

211. 船用导航雷达发射的电磁波属于(　　)波段。

A. 长波　　B. 中波　　C. 短波　　D. 微波

二、简答题

1. 试着画出雷达组成的基本框图，并说明各部分的作用。

2. 试着描述雷达测距、侧方位的原理。

3. 船用雷达有哪几种极化形式？各用什么场合？

4. 雷达相对运动显示方式有哪些特点？在哪种场合使用比较好？

5. 雷达真运动显示方式有哪些特点？

6. 什么叫雷达最小作用距离？什么叫雷达盲区？它们与哪些因素有关？

7. 什么叫雷达距离分辨力、方位分辨力？它们与哪些因素有关？

8. 试描述雷达假回波的种类、成因。它对回波的显示有何影响？

9. 试说明雷达定位方法的种类,并比较它们的精度。

10. 试比较雷达方位信标和雷达应答器的异同点。

11. ARPA 的“目标录取”有哪几种方法?试比较其优缺点。

12. 试描述目前 ARPA 的优点和缺点。

13. 雷达最大作用距离与最大探测距离有什么不同?

14. 雷达最小作用距离有什么现实意义？

15. 影响雷达距离分辨力的主要因素有哪些？

答案

一、1～5 CDBDA　6～10 BBDAD　11～15 DDDBD　16～20 AACAA
21～25 DDCDD　26～30 DACBC　31～35 BCABC　36～40 BBADC
41～45 BDCDD　46～50 DDBCA　51～55 DAAAA　56～60 ABBDA
61～65 DCDDD　66～70 ACCCB　71～75 BDCBA　76～80 DCCBA
81～85 CADAD　86～90 BCDBD　91～95 DADDD　96～100 ABADB
101～105 BDCBC　106～110 BABBA　111～115 CCBBB　116～120 BDADB
121～125 DCDAC　126～130 BBCAA　131～135 DCXCB　136～140 BBBCC
141～145 DDDCA　146～150 CABBA　151～155 BCBCA　156～160 DCBCA
161～165 BDDBA　166～170 ABBAC　171～175 AACBD　176～180 ADABA
181～185 BAABA　186～190 CDBDC　191～195 DDDCA　196～200 ACAAB
201～205 CBBBD　206～211 DDDAAD

二、1. 框图如下：

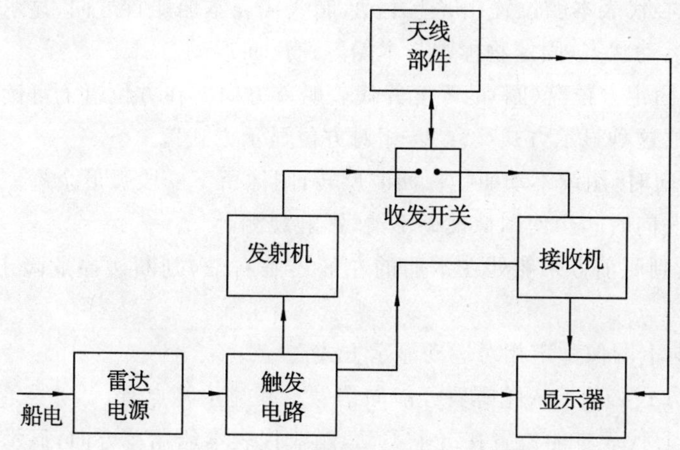

触发带路：又称脉冲发生器、定时器或定时电路，每隔一定时间产生一个作用时间很短的尖脉冲送到发射机。发射机：在触发脉冲电路控制下产生一个具有一定宽度的大功率超高频脉冲信号，即发射脉冲经波导馈线送到接收机。天线：把发射脉冲的能量聚成细束朝一个方向发射出去同时只接收从该方向物标反射的回波，再经导馈线送到接收机。接收信号：把回波信号进行变频变成中频回波信号，然后再放大、检波，再放大变成显示器可显示的视频回波信号。收发开关：在发射时自动关闭接收机入口，让大功率脉冲只送到天线向外辐射而不进入接收机防止损坏接收机，在发射结束时又能自动接通接收机通路让微弱的回波信号顺利进入接收机，同时切断发射机通路以防止回波信号流失。显示器：在触发脉冲控制下产生一个锯齿电流，在屏上形成一条径向亮线，同时计时，计算物标回波的距离。显示器根据接收机送来的回波信号与天线送来的方位信号将物标回波显示在物标所在的方位和距离上。雷达电源：把各种船电变换成雷达所需的具有一定频率、功率和电压的专用电。

2. 因为超高频无线电波在空间传播时具有等速、直线传播的特性，并且遇到物标有良好的反射现象，所以记录雷达脉冲波离开天线的时间 t_1 和无线电脉冲波遇到物标反射回到天线的时间 t_2，则物标离天线的距离 $S=c(t_2-t_1)/2=c\cdot\Delta t/2$。雷达测方位的原理：由于雷达发射的电磁波在空间(近似乎均匀介质)是直线传播的；电磁波在传播过程中遇到目标会发生反射；雷达天线具有良好的方向性，且能定向发射和接收电磁波信号。如果天线旋转，依次向四周发射与接收，当在某个方向收到物标回波时，只需记住此时的天线方向就可知道物标的方向。在实际使用中，是通过天线联动装置使扫描线与天线保持方向同步，这样荧光屏上回波影像出现的方向即为物标的方位，可通过荧光屏周围的方位来读取。

3. 水平极化天线：抗海浪干扰好、海面上的目标反射较好。垂直极化天线：抗雨雪干扰性能较好。圆极化天线：优点是能有效地减弱雨干扰反射波，对圆对称的目标，其回波也将其减弱。

4. (1) 船首向上图像不稳相对运动显示方式

其显示特点有：

① 扫描中心代表本船位置在屏上不动，艏线代表本船船首方向，显示周围运动物标相对于本船的运动状态，固定物标则与本船等速反向运动。

② 艏线指固定方位盘(圈)的零度并代表船首方向。在方位盘上可读得物标的相对方位(舷角)。故这种显示方式又称为“相对方位显示方式”。

③ 本船转向时，艏线不动而物标回波反转，图像留下一段弧形余辉。特别是在船首有偏荡或频繁改向时。会使图像模糊不清，影响观测。

运用场合：判明前方来船处在本船的左舷还是右舷，判断碰撞危险十分方便，所以常用作观测瞭望。

(2) 真北向上图像稳定相对运动显示方式

这种显示方式必须接入陀螺罗经航向信号。其显示特点有：

① 扫描中心代表本船位置在屏上不动，艏线代表本船船首方向，显示周围运动物标

相对于本船的运动状态，固定物标则与本船等速反向运动。

② 固定方位圈的0代表真北，艏线指航向值。在固定方位圈上可直接读得物标真方位。因此，这种显示方式又称为“真方位显示方式”。

③ 本船转向时，艏线移向新航向值，而图像稳定。

运用场合：在定位及多改向窄航道航行时使用。

(3) 航向向上图像稳定相对运动显示方式

这种显示方式也必须输入陀螺罗经航向信息。这种显示方式综合了前两种显示方式的优点：

① 艏线指向屏上方，图像直观。

② 因一般均配有由陀螺罗经稳定的可动方位圈或电子方位刻度圈，故可直接测得相对方位和真方位。

③ 本船转向时，艏线移向新航向值而物标回波不动，图像稳定。改向完毕，只要按一下新航向向上钮，则艏线、图像及可动方位圈一起转动，直到艏线指固定方位圈0为止。

运用场合：这种显示方式既具有船首向上显示方式的显像直观，便于判明物标在左舷还是右舷的特点，又具有真北向上的图像稳定，可直接测读真方位的优点，因而在避碰、定位和导航应用中均较方便。故这种显示方式在现代船用雷达中得到广泛应用。

5. (1) 真北向上真运动显示方式

① 扫描中心在屏上按计程仪或模拟计程仪送来的速度沿着艏线方向(航向)移动。

② 扫描中心的正上方代表真北，艏线指航向(一般应看罗经复示器指示值)，本船转向时，艏线移动，其他物标不动。

③ 屏上其他运动物标按它们各自的航向、航速移动，固定物标则在屏上不动。

(2) 对水稳定真运动

如果海区有风流，而速度输入是对水速度，航向是陀螺罗经航向，则此时显示的真运动是对水(海面)稳定的真运动。

在这种显示方式中，固定物标要按风流的影响(风流压方向的相反方向和速度)移动，动目标尾迹表示该目标的对水速度及航向，本船艏线在航行中是稳定的。

(3) 对地稳定真运动

如果速度输入由双轴多普勒计程仪输入对地速度，或由人工方法将风流的影响校正后，本船(扫描中心)在屏上将按实际的航迹向及对地速度移动，这种显示方式称为对地稳定真运动显示方式。

6. 雷达波束所不能到达的区域。通常有顶锥盲区和低空盲区两部分。顶锥盲区指雷达站头顶上一定仰角以上的一个倒角锥形区域。低空盲区指低于一定仰角以下的区域。

雷达最小作用距离是表示雷达探测最近物标距离，在此距离内的区域称为雷达盲区。

当雷达天线较低时，物标始终处在雷达波束照射内时，雷达最小作用距离取决于脉冲宽度的大小：$D_{\min}=2c(\tau+t)$，式中 $D_{\min}$ 表示雷达最小作用距离(单位为 n mile)。

7. 距离分辨力:雷达在距离上区分邻近目标的能力,通常以最小可分辨的距离间隔来度量。雷达距离分辨力约为 $c/(2B)$。c 为光速;B 为雷达信号带宽。

方位分辨力:雷达在角度上区分邻近目标的能力,通常以最小可分辨的角度来度量。雷达的角度分辨力取决于雷达的工作波长 λ 和天线口径尺寸 L,约为 $\lambda/(2L)$。对于距离分辨力,早期的雷达主要取决于脉冲宽度。但是现在的雷达普遍采用脉冲压缩技术,所以脉宽不再决定分辨力,信号瞬时带宽才决定分辨力大小。对于方位分辨力,则主要由方位向的波束宽度决定,该值一般取决于天线阵面的水平宽度。

8. 间接回波:船上的大桅、烟囱、吊杆柱、甲板、货箱等高大物件及附近的大船,陆上的高大建筑物等阻挡雷达波的障碍物,不但在其后产生阴影扇形区,而且他们又能像镜面一样反射雷达波。这样同一个目标有两条雷达波往返传播路径:一是雷达天线到目标的路径,二是雷达天线到障碍物再到目标的路径。一个目标在雷达显示器上有两个回波:一个是真实目标,一个是显示方位与障碍物相同比真实目标距离远的位置。

多次反射假回波:由于雷达波在本船船体与目标之间多次往返反射均被雷达天线接收而产生。

旁瓣假回波:距离本船较近强反射目标被雷达天线旁瓣辐射探测到所显示的回波。

9. 单目标方位距离定位,两个或三个目标距离定位,两个或三个目标方位定位,多目标方位距离混合定位。精度由高到低:三目标距离定位,两目标距离加一目标方位定位,两目标距离定位,两目标方位加一目标距离定位,单目标方位距离定位,三方位定位,两方位定位。

10. 雷达方位信标:收到雷达波触发后不超过 0.7 μs 延时,现代雷达应答标能在入射波频率上发出特定的信号经雷达接收处理后显示为 Racon 所在位置开始以同一方位上背向扫描中心的编码信号,通常用莫尔斯编码,用于导航。

雷达应答器:利用 X 波段雷达发现遇险船舶的搜救现场寻位装置,在搜救船舶或飞机 X 波段雷达搜索脉冲的触发下,采用扫频方式扫描 X 波段连续发射 12 个周期的应答信号,仅限于船舶遇险时使用。

11. 人工录取优点:可按危险程度作出录取的先后次序,选择性强、目的性强。缺点:速度慢,不适应多目标;易疏忽、漏录目标;需连续观测,不断更新换旧,负担重。

自动录取优点:速度快,适应多目标;能自动作出优先录取方案;无需连续观测,在一定程度上减轻了驾驶员的负担。缺点:可能会产生虚假录取,漏录取重要、危险目标。

12. 优点:① 具有预处理和自动检测功能,可在噪声干扰环境中较可靠地识别目标。

② 具有对目标回波自动录取、跟踪和计算功能,并以图形和矢量的方式,高亮度地显示目标动态,用于避碰十分直观、方便。

③ 能自动、连续提供必要的航行及避碰信息,并能连续、正确、迅速地评估和预测航行态势。

④ 对判断为危险的目标,能自动报警和指示,并可用试操船功能迅速求出安全航向及航速。

⑤ 自动化程度高,功能多,有利于解析雷达信息、减轻值班驾驶员的负担,有助于驾

驶员集中精力操船和避让。

缺点：① 雷达的探测能力、分辨力、精度以及受气象、环境条件的限制。

② 跟踪可靠性的限制主要是存在误跟踪和目标丢失率高。

③ 存在跟踪处理延时：从录取到稳定跟踪约需 3 min；若有一方机动了，还须约 3 min才能重新稳定。

④ 跟踪容量及显示目标矢量的数量受限制。

⑤ 跟踪目标的距离及机动速度受限制。

13. 最大作用距离：一台雷达在一定的电波传播条件下，对某一特定的物标，雷达能满足一定发现概率时所能观测的物标最大距离即为该雷达的最大作用距离，用符号 r_{max} 表示，它表示雷达探测远距离目标的能力。

最大探测距离：在考虑地球曲率、天线高度、物标高度及雷达电波传播空间大气折射影响时的雷达可能观测的最大距离，称为船用雷达的“最大探测距离”，又称“极限探测距离”，用符号 R_{max} 表示。

14. 雷达的最基本任务是探测目标并测量其坐标，因此，作用距离是雷达的重要性能指标之一，它决定了雷达能在多大的距离上发现目标。作用距离的大小取决于雷达本身的性能，其中有发射机、接收系统、天线等分机的参数，同时又和目标的性质及环境因素有关。

15. 影响雷达距离分辨力的主要因素有：光点尺寸、脉宽、通频带宽、屏幕直径、聚焦和量程。

ARPA 习题集

一、选择题

1. 在转向频繁的狭水道中航行，应选用的显示模式是（　　）。

A. 航向向上　　B. 北向上　　C. 船首向上　　D. 随意

2. 使用雷达观测定位时最好选用（　　）。

A. 对水真运动显示　　B. 对地真运动显示

C. 船首向上相对运动显示　　D. 北向上相对运动显示

3. 航向向上图像显示方式的优点是（　　）。

A. 便于判别相遇船在本船的左舷还是右舷

B. 当航向为 180°时，图像画面显得直观

C. 当本船改向时，首线偏离 0°，但图像稳定

D. 以上均对

4. 在使用雷达进行标绘时，应该选用（　　）。

A. 北向上相对运动显示方　　B. 船首向上相对运动显示方式

C. 航向向上相对运动显示方式　　D. 对水真运动显示方式

5. 在下述几种 ARPA 图像指向显示模式中，错误的是(　　)。

A. 船首向上(HEAD UP)图像不稳

B. 北向上(NORTH UP)图像稳定

C. 航向向上(COURSE UP)图像稳定

D. 航向向上，艏线始终指 0°

6. ARPA 可提供的目标六个运动和避碰数据指(　　)。

A. 本船航向、航速、目标航向、航速、距离、方位

B. 本船航向、航速；目标航向、航速，CPA. TCPA

C. 目标相对航向、航速、距离、方位，CPA. TCPA

D. 目标相对航向、真航速、距离、方位，CPA. TCPA

7. 在 ARPA 中的一个主要参数 TCPA 用来表示(　　)。

A. 会遇距离　　B. 会遇时间

C. 最小会遇距离　　D. 最小会遇时间

8. 在 ARPA 中，本船与目标船之间碰撞危险的紧迫程度可用(　　)来表示。

A. CPA　　B. TCPA　　C. PPC　　D. PAD

9. ARPA 对传感器原始信号进行预处理的目的是(　　)。

A. 视频信号量化，抑制杂波　　B. 罗经信号数字化

C. 计程信号数字化　　D. 以上均可

10. 对输入 ARPA 的原始视频信号预处理包括(　　)。

A. 抑制杂波和信号量化　　B. 对原始信号进行放大

C. A+B　　D. A+B 错

11. ARPA 自动跟踪目标的过程是(　　)。

A. 小波门——中波门——大波门——稳定跟踪

B. 中波门——大波门——小波门——稳定跟踪

C. 小波门——大波门——中波门——稳定跟踪

D. 大波门——中波门——小波门——稳定跟踪

12. ARPA 录取目标所饮食的内容是(　　)。

A. 录取目标的初始位置　　B 对录取目标连续自动跟踪

C. 对录取目标进行计算和危险判断　　D. 以上各项

13. 人工录取目标的原则是(　　)。

A. 首先录取船首方向，特别是右舷的近距离目标

B. 先近后远

C. 先正横后两舷

D. 以上各项

14. ARPA 自动录取目标的优点是(　　)。

A. 首先录取船首方向，特别是右舷近距离目标

B. 自动清除不需要的目标

C. 录取目标速度快

D. A+B+C

15. ARPA 自动录取中“限制区”的意义是(　　)。

A. 优先录取区　　B. 拒绝录取区

C. 自动录取区　　D. 人工独录取区

16. ARPA 设置警戒圈自动录取方式后，目标信号第一次出现已在警戒圈内会(　　)。

A. 自动报警，录取和跟踪　　B. 自动报警，可立即人工录取

C. 不报警，只录取和跟踪　　D. 不报警，不录取

17. 利用警戒圈进行自动捕捉时，ARPA 能捕获的物标是(　　)的目标。

A. 对本船有危险　　B. 正在闯入警戒圈

C. 位于警戒圈内　　D. 在警区圈外

18. 相对矢量方式适用于下列哪种场合？(　　)

A. 需要迅速作出正确的避让决策时

B. 需要快速判断本船与所有目标船有否碰撞危险时

C. 需要从屏上看清目标船真航向，真速度时

D. 需要从屏上看清本船真航向，真航速时

19. 真矢量显示方式适用于下列哪种场合？(　　)

A. 需要迅速作出正确的避让决策时

B. 需要快速判断本船与所有目标船有否碰撞危险

C. 需要从屏上估算出 CPA. TCPA 时

D. 需要从屏上看出目标是否发生了机动时

20. 在 ARPA 的 PPI 综合显示器上，每一被踊跃的目标将出现一根矢量，矢量的长度表示在设定的矢量时间内(　　)。

A. 目标的运行方向　　B. 目标的运动距离

C. 目标的运动速度　　D. 目标的运动数据

21. 被踊跃目标出现的矢量的终端表示经过设定的 X 分钟后目标将到达的(　　)。

A. 方向　　B. 距离　　C. 时间　　D. 位置

22. 判断目标是否机动，可根据(　　)。

A. 目标真矢量变化　　B. 目标尾迹

C. 时间　　D. 本船航迹

23. ARPA 荧屏上端有一具大“T”显示，说明处于(　　)。

A. 真运动状态　　B. 相对运动状态

C. 试操船状态　　D. 故障状态

24. 当 ARPA 进行试操船时，必须能够(　　)。

A. 模拟本船避让后的效果　　B. 本船真矢量线

C. 有明确的试操船状态表示符　　D. A+B+C

25. ARPA 执行试操船时(　　)指示试操船航向。

A. 相对矢量线　　B. 本船真矢量线

C. 电子方位线　　D. B 或 C,但根据实际机型而定

26. 下列报警属于 ARPA 工作报警的是(　　)。

A. 碰撞报警　　B. 目标丢失报警

C. 捕捉目标总数超过一定数目报警　　D. 都是

27. 下列报警属于 ARPA"系统报警"的是(　　)。

A. 目标闯入警戒圈报警　　B. CPA,TCPA 报警

C. 数据显示器故障报警　　D. A+B+C

28. ARPA 系统报警中级别最高的报警是(　　)报警。

A. CPA/TCPA　　B. 电源故障

C. 接口故障　　D. 数据显示故障

29. 1690 荧屏显示被跟踪目标被一个闪烁的"△"套住,说明该目标的 CPA 和 TCPA值(　　)。

A. CPA 值小于所设定值　　B. TCPA 值小于所设定值

C. 两者均小于所设定值　　D. 两者均大于所设定值

30. 不能过分信赖试操船的主要原因是 ARPA 没有考虑(　　)。

A. 计算误差　　B. 目标船改速改向

C. 雷达很差　　D. 本船操纵性能

31. ARPA 在执行工作报警时,若同时出现一个以上报警情况,则只能按优先程序报警,下列报警最优先的是(　　)。

A. 目标丢失　　B. 目标闯入警戒区(圈)

C. CPA 和 TCPA 小于预置的安全界限　　D. 目标航迹变化

32. ARPA 的自动报警功能存在局限性,造成漏警的目标可能是(　　)。

A. 弱小目标　　B. 突然出现的目标(如潜艇)

C. 超过录取容量而未被录取的目标　　D. 以上三者都可能

33. 为提高 ARPA 自动录取目标的目的性和速度,当选用自动录取功能时,驾驶员可作下列哪种操作(　　)。

A. 设置优先区　　B. 设置导航线

C. 设置限制区(线)或警戒区(圈)　　D. A,C 均可

34. 近距离范围内目标发生急剧的方位变化,将可能使 ARPA 作产生下列哪种现象(　　)。

A. 目标交换　　B. 目标丢失　　C. 跟踪精度下降　　D. 碰撞危险报警

35. 在 ARPA 中,目标船和本船是否存在碰撞危险的判据是(　　)。

A. PPC　　B. PAD

C. MINCPA 和 MINTCPA　　D. 目标船的相对运动线是否穿过本船

36. 在 ARPA 显示屏上，当本艏线穿过目标船的 PAD 时表示（　　）。

A. 目标船将从本船前方穿越，无碰撞危险

B. 本船与目标船有可能发生碰撞

C. 本船保速保向，与目标船一定碰撞

D. 目标船已从本船前方穿越，无碰撞危险

37. 在 ARPA 显示屏上出现两个 PAD 重叠，则表示（　　）。

A. 两目标船之间有碰撞危险

B. 两目标船和本船都存在碰撞危险

C. 两目标船和本船均无碰撞可能

D. 以上三种说法都不对

38. 两个被跟踪的目标发生目标交换的条件是（　　）。

A. 两目标交会

B. 两目标对遇

C. 两目标同向行驶

D. 两目标靠近，使其回波同时进入跟踪窗内

39. 在 ARPA 中，PAD 的含义是在下述哪个条件下，两船可能发生碰撞的区域？（　　）

A. 目标船和本船均保向保速时　　B. 目标船保向保速，本船保速时

C. 本船保向保速，目标船保速时　　D. 目标船保向保速，本船保向时

40. ARPA 设置 CPA 安全界限的依据是（　　）。

Ⅰ. 船舶具有一定的体积　　Ⅱ. 两船安全通过必须有一定距离

Ⅲ. 设备本身的误差　　Ⅳ. 海域开阔程度

A. Ⅰ Ⅱ Ⅲ　B. Ⅱ Ⅲ Ⅳ　C. Ⅰ Ⅲ Ⅳ　D. Ⅰ Ⅱ Ⅳ

41. PERRY　CAS(II)在（　　）情况下，物标有可能产生两个 PAD 区。

A. 本船船速与物标船速相同　　B. 本船船速比物标船速快

C. 本船船速比物标船速慢　　D. A＋B

42. 确定 PAD 图形的条件是本船保速目标保速保向，因而 PAD 适用于（　　）。

A. 船舶密度小的开阔海域　　B. 船舶密度大的港口水域

C. 不出现 PPC 的场合　　D. 因避让机动频繁的场合

43. 雷达向 ARPA 提供的基本信息是（　　）。

A. 回波原始视频信号，触发脉冲，雷达天线角位置信号及艏线信号

B. 目标的位置信息，航向信息，速度信息

C. 目标的方位信息，目标距离信息，艏线信息

D. 触发脉冲信息，天线位置信息，航程信息

44. 电罗经向 ARPA 提供的基本信息是（　　）。

A. 本船的航向信息　　B. 目标的航向信息

C. 目标的相对方位信息　　D. 目标的真方位信息

45. 计程仪向 ARPA 提供的信息是(　　)。

A. 目标的航速信息　　B. 本船的航速信息

C. 本船的相对航速信息　　D. 目标的航程信息

46. 现在很多 ARPA 都采用(　　)。

A. 实时显示　　B. 非实时显示

C. 由操作者按需选择　　D. 由用户在购置时指定

47. 某 ARPA 用相对运动,相对矢量显示模式,若荧光屏上仅有某一目标的尾迹与矢量线的方向不一致,则可说明(　　)。

A. 本船转向或变速了　　B. 本船转向了

C. 目标船转向或变速了　　D. 目标船转向了

48. 某 ARPA 用相对运动,相对矢量显示模式,若本船改向或变速,则在荧光屏上可见到(　　)。

A. 仅有某一目标的尾迹与矢量线方向不一致

B. 所有目标的尾迹与矢量线方向不一致

C. 屏上所有图像状态不变

D. 屏上所有图像状态不变,仅有本船矢量线移动

49. 某 ARPA 用真运动,真矢量显示模式,若本船改向,则在荧光屏上可见到(　　)。

A. 所有矢量均变　　B. 所有矢量均不变

C. 目标船矢量不变,本船矢量方向变　　D. 目标船矢量长度不变,但方向变

50. 某 ARPA 用真运动,真矢量显示模式,当发现屏上某目标的矢量方向与尾迹不一致,而其他目标的矢量尾迹与方向仍保持一致时,则可说明(　　)。

A. 本船改向　　B. 本船变速了　　C. 该目标改向了　　D. 该目标变速了

51. 某 ARPA 用相对运动,真矢量显示模式,若荧光屏上目标尾迹与矢量线方向不一致,则可说明(　　)。

A. 本船改向或变速了

B. 目标船改向或变速了

C. 本船或目标船均未改向或变速

D. 不能肯定是本船或是目标船改向或变速

52. 当 ARPA 发出碰撞危险报警时,则表明本船与目标船之间(　　)。

A. 立即发生碰撞　　B. CPA 和 TCPA 值为零

C. CPA 或 TCPA 小于预设值　　D. CPA 或 TCPA 均小于预设值

53. 当一被跟踪目标被取消跟踪后,在 ARPA 显示上将发生(　　)。

A. 目标的矢量和尾迹均消失　　B. 目标的回波亮点消失

C. 目标的尾迹消失而矢量仍显示　　D. 目标的矢量仍显示而尾迹消失

54. 当一被跟踪目标被录取跟踪后,在 ARPA 显示上将发生(　　)。

A. 目标丢失　　B. 目标交换　　C. 漏跟踪　　D. 拒绝跟踪

55. ARPA 的跟踪窗(波门)的大小,在整个跟踪过程中(　　)。

A. 一直是固定不变的　　B. 起始跟踪时大,稳定跟踪后小
C. 起始跟踪时小,稳定跟踪后大　　D. 其大小由操作者酌情选定

56. 在ARPA中,目标的历史航迹点一般是用来(　　)。
A. 判断目标是否有碰撞危险　　B. 复核避让的目标是否让清
C. 估计跟踪的船是否机动　　D. 核查本船采取的措施是否有效

57. 使用ARPA录取目标时应注意(　　)。
A. 人工录取和目标录取可任选
B. 按照先首向,近距,特别是右舷目标的录取原则
C. 自动录取存在最近距离的局限性
D. 以上各项

58. 为判断来船态势,可以利用的ARPA动态符只是(　　)。
A. 相对矢量　　B. 真矢量
C. 可能碰撞点或预测危险区　　D. 以上三项可酌情选定

59. 用ARPA矢量时间可调的功能,在估计碰撞危险时,下述哪种情况有碰撞危险。(　　)
A. 本船相对矢量与目标船相对矢量相交
B. 本船真矢量与目标船真矢量相交
C. 本船真矢量与目标真矢量的矢端重叠
D. 本船相对矢量与目标船相对矢量的矢端重叠

60. 用PAD估计碰撞危险时,下述情况有碰撞危险的是(　　)。
A. 本船航向线与PAD相交　　B. 二个PAD重叠
C. 只要屏上出现PAD　　D. PAD与本船相对矢量相交

61. 矢量时间可调的意义在于(　　)。
A. 用相对矢量时,可预测目标位置
B. 用真矢量时,可预测目标及本船的位置
C. 便于直观判断碰撞的可能性
D. 以上三项都对

62. 使用ARPA试操船功能时,应特别注意(　　)。
A. 此时显示的是模拟试操船的预测图像而非实际的航行态势图
B. 试操船要抓紧时间尽快完成
C. 试操船仅对跟踪的目标有效
D. 以上三项均应特别注意

63. 判断ARPA试操船效果的依据是(　　)。
A. 目标真矢量与本船真矢量不相交　　B. 目标相对矢量不通过本船
C. 碰撞危险的警报解除　　D. PAD偏离本船航向线

64. 在ARPA对地真运动中,固定目标出现矢量的原因是(　　)。
A. 显示的本船航速与实际航速不等　　B. 实际航速瞬时值不等

C. 已跟踪目标非点目标,其仅只漂移　　D. 上述三项

65. 本船真矢量与航向不一致的原因可能是(　　)。

A. 本船转向　　B. 存在风流压差

C. 对地测速的参考目标选择不当　　D. 以上三项均可能

66. 在狭水道中本船和目标船机动频繁,这时(　　)。

A. ARPA 不再显示 PPC 或 PAD

B. 由于破坏了 ARPA 对 PPC、PAD 的计算准则,因而造成画面杂乱,报警频繁

C. ARPA 不能正常工作

D. ARPA 图像与在开阔海域一样

67. ARPA 具备报警系统,因此使用 ARPA 时,驾驶员的职责是(　　)。

A. 听到报警声立即去瞭望

B. 任何时候绝对不可忽视瞭望

C. 设置了安全判据后,驾驶员可离开岗位去处理其他业务

D. 以上三项均错

68. 若人工标绘不能满足一定条件,则原先作的图作废,这些条件是(　　)。

A. 本船保速保向

B. 目标保速保向

C. 同时满足上述 A、B 两条

D. 作图过程上述 A、B 两条不必同时满足

69. ARPA 的误差将直接影响避让行动的决断,ARPA 的主要误差有(　　)。

A. 因为传感器及 ARPA 本身引入的和设备运动状态导致的设备误差

B. 因对雷达数据处理不精确引起的误差

C. 因人为因素导致的数据解析误差

D. 以上各项

70. 采用相对运动真矢量显示方式时,试操船是通过下列哪一项的观察来检查效果(　　)。

A. 目标船的真矢量变化　　B. 本船的真矢量变化

C. 目标船的 CPA 和 TCPA 变化　　D. 本船的相对矢量变化

71. 采用相对运动相对矢量显示方式时,试操船是通过下列哪一项的观察来检查效果的(　　)。

A. 本船的相对矢量变化

B. 本船的真矢量变化

C. 目标船的相对矢量变化

D. 将安全判据数值设置得大些,这样可以提高安全度

72. 利用 ARPA 录取目标功能时(　　)。

A. 自动录取方便、快速,因此应尽量选用自动录取

B. 手动录取速度虽慢,但可按需录取,因此应尽量选用手动录取

C. 自动录取目的性差又存在近距内限，因此一般不宜选用

D. 应根据航行环境态势，酌情选用录取模式

73. 本船电控罗经有故障时，则（　　）。

A. ARPA 不能启动　　B. RADAR 不能使用

C. ARPA 和 RADAR 可照常使用　　D. ARPA 的功能不执行

74. 本船计程仪有故障时，则（　　）。

A. ARPA 可照常使用

B. RADAR 不能使用

C. RADAR 照常可使用，但 ARPA 不能使用

D. ARPA 和 RADAR 都不能使用

75. 形成 PPC 的条件是（　　）。

A. 目标相对运动线通过本船　　B. 目标保速保向

C. 本船保速　　D. 以上各项

76. 一般在大海中，使用 ARPA 观察本船与目标船有无碰撞危险，通常选用下列哪种组合显示方式？（　　）

A. 相对运动，船首向上，真矢量显示方式

B. 相对运动，船首向上，相对矢量显示方式

C. 真运动，北向上，真运动显示方式

D. 真运动，北向上，相对矢量显示方式

77. 何时进行预制 ARPA 输入信号和数据的操作，下列哪种说法正确的是（　　）。

A. 雷达开机后

B. 打开 ARPA 计算机开关，等 ARPA 自检通过后

C. ARPA 开机后

D. 任何时候

78. 用于 ARPA 系统中输入接口的主要用途是（　　）。

A. 放大传感器信号的幅度

B. 使输入到 ARPA 的各种传感器信号极性合适

C. 使个传感器模拟信号变成计算机可接受的数字信号

D. 使各传感器信号匹配

79. 关于 PPC，下列说法不正确的是（　　）。

A. PPC 是当相对矢量穿过本船时，目标真矢量和本船航向线的交点

B. PPC 落在本船航向线上则有碰撞危险

C. PPC 是目标真矢量和本船真矢量的交点

D. 无 PPC，则无碰撞危险

80. 关于 ARPA 的目标录取功能，下列说法不正确的是（　　）。

A. 目标录取定义为需要跟踪目标的选择及其跟踪的开始

B. 目标录取的任务是目标初始距离，方位数据的录取并送入计算机

C. 目标录取可以有手动录取和自动录取两种方式

D. 一旦录取的操作完毕，该目标即被稳定跟踪

81. 当将模拟天线角位置信号变成数字信号时，若要求最低位代表 0.088 度，则需用多少位二进制数字？(　　)

A. 11 位　　B. 12 位　　C. 13 位　　D. 14 位

82. 在 ARPA 跟踪器中，目标实测位置是(　　)。

A. 检测到目标回波的波门的中心位置

B. 经过 α—β 滤波修正后的目标回波位置

C. 在波门内检测到的目标回波的重心位置

D. A、B、C 中的说法都不对

83. 在 ARPA 数据显示器上显示的目标位置是(　　)。

A. 检测到目标回波的波门的中心位置

B. 经过 α—β 滤波修正后的目标回波位置

C. 在波门内检测到的目标回波的重心位置

D. A、B、C 中的说法都不对

84. 在 ARPA 跟踪器中，新的波门位置是以下面哪个位置为中心设置的？(　　)

A. 从实测位置出发用实测速度预测的位置

B. 从实测位置出发用估值速度预测的位置

C. 从估值位置出发用估值速度预测的位置

D. 从估值位置出发用实际速度预测的位置

85. 各种型号 ARPA 的 MOON 值不同，因而检测性能也不同。例如，(A)MOON＝6/8　(B) MOON＝3/5　(C) MOON＝2/2，下列说法正确的是(　　)。

A. (A)最好　(C)最差　(B)居中　　B. (C)最好　(A)最差　(B)居中

C. (B)最好　　D. (A)(B)(C)均差不多

86. 在 ARPA 跟踪器的信号积累判断方法中，符合下述哪个判断条件的便认为存在目标？(　　)

A. 实际信号积累数等于 M 时　　B. 实际信号积累数小于 M 时

C. 实际信号积累数小或等于 M 时　　D. 实际信号积累数大于或等于 M 时

87. 因雷达误差造成 ARPA 输出数据的误差，下列哪一项精度会受到影响？(　　)

A. 目标的方位、距离　　B. CPA 和 TCPA 值

C. 目标的相对速度矢量数据　　D. A、B、C 三项均受影响

88. 下列说法明显错误的是(　　)。

A. ARPA 能自动录取与跟踪目标

B. ARPA 的误差与所接的传感器误差无关

C. ARPA 对目标跟踪计算后将输出六个数据信息

D. ARPA 能为驾驶员提供避让依据

89. 因计程仪提供的速度数据有误差，使 ARPA 显示的本船与目标船的碰撞点

( )。

A. 偏离本船艏线　　B. 与本船的距离发生变化

C. A 和 B 均有可能　　D. A 和 B 均不会发生

90. 要在 ARPA 的 PPI 图像中观测判断所显示的矢量类型最简捷可靠的方法是看( )。

A. 目标是否出现矢量　　B. 本船是否出现矢量

C. 本船是否移动　　D. 目标是否移动

91. ARPA 用在狭水道航行时,为避免“目标交换”现象应( )。

A. 输入对地速度　　B. 输入对水速度

C. 缩小跟踪窗尺寸　　D. 加大跟踪窗尺寸

92. ARPA 的 PPI 之所以能实现高亮度显示是因为( )。

A. 加快径向扫描速率　　B. 加快天线旋转速度

C. 采用非实时扫描方式　　D. 提高了雷达的分辨率

93. ARPA 对下列哪一种情况不予跟踪计算?( )

A. 目标相对速度超过限定值

B. 目标尺寸大于跟踪窗

C. 目标在较远距离上占据 2 度以上方位宽度

D. A、B、C 都不予跟踪计算

94. ARPA 在自动录取及跟踪目标时是受一定条件限制的,下列说法正确的是( )。

A. ARPA 可在任意距离上自动录取、跟踪目标

B. 只要目标在 PPI 上显示出来,ARPA 均可自动录取跟踪

C. ARPA 仅可在一定的区域范围内自动录取跟踪有限额目标

D. A、B、C 都正确

95. ARPA 的报警可用何种形式?( )

A. 蜂鸣器　　B. 指示灯　　C. 字符或代码　　D. A、B、C 均可

96. 对 ARPA 的能力,下列说法错误的是( )。

A. ARPA 仅可在其最大跟踪距离范围内具备 ARPA 功能

B. 只要在 PPI 上显示着的实际目标的回波光点,ARPA 均可自动跟踪

C. ARPA 录取目标有最大容量的限制

D. ARPA 仅可在所设定的区域内自动录取并跟踪目标

97. ARPA 对所录取的目标的稳定跟踪时间越长,则( )。

A. 本船与目标船的碰撞危险就越小　　B. ARPA 误跟踪的可能性就越小

C. 输出的航行和避碰数据精度越高　　D. 报警次数就越多

98. 对 ARPA 的 PPI 所显示的目标真矢量,下列传感器数据对其精度有影响的是( )。

A. 雷达　　B. 计程仪　　C. 电罗经　　D. A、B、C 均可

99. 在 ARPA 给出的下列诸数据中，操作者经常最关心的是（　　）。

A. 目标的距离、方位　　B. 目标的航向、速度

C. 本船的航向、速度　　D. CPA，TCPA

100. 预置 ARPA 输入的信号和数据应是（　　）。

A. 由操作者任意确定预置内容　　B. 预置本船航向，航速及安全判据数据

C. 预置本船航向数据　　D. 预置本船航速数据

101. 使用 ARPA 功能前，操作者应做到（　　）。

A. 按正确步骤调整好雷达　　B. 预置 ARPA 所需的输入信号和数据

C. 选好 ARPA 使用的量程　　D. 上述各项都应做

102. 使用 ARPA 功能时，对航速数据的要求是（　　）。

A. 因避免应用是主要的，故只要输入本船对水航速

B. 任何时候只需输入本船对地速度

C. 导航时输入对地航速避碰时输入对水航速

D. 任意

103. 对预置给 ARPA 的安全判据数据的要求是（　　）。

A. 根据本船操作性、装载及水域交通情况适当选择

B. 大些较安全

C. 小些可避免过多虚警

D. 可任意选定

104. ARPA 用真运动显示方式，在有风流影响的海区，ARPA 显示的图像是属于“海面稳定”或“地面稳定”取决于（　　）。

A. 海面风浪的大小　　B. 是否作过航迹修正

C. 周围是否存在固定目标　　D. 本船是否移动

105. 在 ARPA 中，若海区有风流时输入对水速度，则其显示的真矢量代表（　　）。

A. 长度为对水真速度，方向为船首向

B. 长度为对地真速度，方向为航迹向

C. 长度为对水真速度，方向为航迹向

D. 长度为对地真速度，方向为船首向

106. 在 ARPA 中，若海区有风流时输入对地速度，则其显示的真矢量代表（　　）。

A. 长度为对水真速度，方向为船首向

B. 长度为对地真速度，方向为航迹向

C. 长度为对水真速度，方向为航迹向

D. 长度为对地真速度，方向为船首向

107. IMO 规定的 ARPA 性能标准中，具有自动捕获功能的 ARPA 应至少能跟踪的目标个数为（　　）。

A. 10　　B. 20　　C. 30　　D. 15

108. ARPA 性能标准规定，ARPA 显示尾迹时，至少用几个点？这几个点至少相

当于多长时间？（ ）

A. 3 个点，6 min　　B. 4 个点，8 min

C. 5 个点，8 min　　D. 5 个点，10 min

109. IMO 规定的 ARPA 性能标准中，ARPA 的有效距离范围至少为（ ）。

A. 24 n mile 或 48 n mile　　B. 12 n mile 或 16 n mile

C. 10 n mile 或 16 n mile　　D. 6 n mile 或 10 n mile

110. ARPA 性能标准规定，ARPA 显示器的直径至少应为（ ）。

A. 180 mm　　B. 250 mm　　C. 340 mm　　D. 430 mm

111. ARPA 性能标准规定，ARPA 显示器至少应设置的两档量程为（ ）。

A. 12 n mile 和 3 n mile　　B. 16 n mile 和 4 n mile

C. 24 n mile 和 6 n mile　　D. A 或 B

112. ARPA 性能标准规定，ARPA 必须有的显示方式为（ ）。

A. 相对运动，北向上　　B. 相对运动，首向上或航向向上

C. 真运动，北向上　　D. 真运动，首向上或航向向上

113. 目标经人工捕捉后按 ARPA 性能标准规定应于多少分钟内显示目标的预测运动？（ ）

A. 0.5　　B. 1　　C. 3　　D. 4

114. ARPA 性能标准规定，对两种矢量显示的要求为（ ）。

A. 矢量显示方式。真矢量和相对矢量均须提供

B. 矢量显示方式。真矢量和相对矢量可只具备一种

C. 图形显示方式。真矢量和相对矢量均须提供

D. 图形显示方式。真矢量和相对矢量均可不提供

115. 目前 PAD 型 ARPA 和矢量型 ARPA 可提供的图像模式有（ ）。

A. PAD 型 ARPA 可提供 PAD 和矢量（含相对矢量和真矢量）两种模式

B. 矢量型 ARPA 可提供相对矢量和真矢量两种模式

C. PAD 型 ARPA 可提供 PAD 和真矢量两种模式

D. 以上说法都对

116. ARPA 能保持连续跟踪的条件是（ ）。

A. 在 10 圈天线扫描中，有连续 5 次能清楚显示目标

B. 在 10 圈天线扫描中，有连续 8 次能清楚显示目标

C. 在 10 圈天线扫描中，有 5 次能清楚显示目标

D. 在 8 圈天线扫描中，有 4 次能清楚显示目标

117. ARPA 性能标准规定，显示目标速度和航向信息的方式中，必须具备的方式为（ ）。

A. 矢量显示　　B. 图形显示

C. A、B 二者同时兼备　　D. A、B 可任选其一

118. ARPA 提供的信息和数据存在处理延时，因此使用 ARPA 时要特别注意

(　　)。

A 要提前录取目标

B. 试操船时要估计到处理延时，因此使用 ARPA 时要特别注意

C. 重新录取目标要估计到处理延时

D. 以上三项均应特别注意

119. 现有 ARPA 跟踪能力的局限性最主要的是(　　)。

A. 跟踪精度差　　B. 误跟踪和目标丢失

C. 跟踪容量有限　　D. 跟踪距离有限

120. 当某一被跟踪目标被取消跟踪后，在 ARPA 显示上将发生(　　)。

A. 目标的矢量和尾迹均消失　　B. 目标的回波亮点消失

C. 目标的尾迹消失而仍显示　　D. 目标的矢量仍显示而尾迹消失

121. ARPA 1690 人工捕捉的有效范围为(　　)。

A. 0～20 n mile　　B. 1～20 n mile

C. 0～40 n mile　　D. 1～40 n mile

122. 为尽量减少使用 ARPA 时的操作误差，应重视(　　)。

A. 经常将 ARPA 显示的图像信息和数据对照以减少判断误差

B. 用人工标绘结果核对以检查 ARPA 显示的信息是否可靠

C. 熟悉各功能键的含义及功能

D. 上述三项均应重视

123. 使用 ARPA 1690 时，哪些情况下需要重调罗经？(　　)

A. 试操船后　　B. 方位数据连续闪烁

C. 电源中断 2 min　　D. 以上都是

124. 使用 ARPA 1690 时，重调罗经的操作是(　　)。

A. 方位转到航向向上显示方式　　B. [STAND BY]键置于等待状态

C. 按下[ALIGN]键　　D. B 和 C 是

125. 具有下列哪种情况目标跟踪会被自动清除？(　　)

A. 超过本船距离大于 20 n mile

B. 目标变成“BAD ECHO”

C. 目标已驶离 CPA 3 min，并已在本船后方 10 n mile 外

D. 以上都是

二、判断题

1. 航向向上显示模式中，艏线始终指 0 度，图像稳定。　(　　)

2. ARPA 六个避碰要素指的是：CPA、TCPA、方位、距离、本船航向和航速。　(　　)

3. ARPA 自动跟踪目标的过程是：大波门→中波门→小波门→稳定跟踪。　(　　)

4. 目标录取包括对目标属性、尺度数据的录取。　(　　)

5. ARPA 手动式自动录取都有最小跟踪距离，一般为 0.5～1 n mile。　(　　)

6. ARPA 荧光屏上端有一个大“T”显示，说明处于真运动状态。　(　　)

7. 使用ARPA试操船功能时,ARPA对所有已跟踪的目标,继续保持跟踪。 ( )

8. ARPA的试操船没有考虑目标船改速,改向。 ( )

9. 在碰撞形势紧迫的情况下,应抓紧时间进行试操船,再采取避让措施。 ( )

10. 当被跟踪目标被一个闪烁的三角形符号"△"套住,说明该目标的CPA和TC-PA值之一小于所设置的报警临界值。 ( )

11. 一旦录取的操作完毕,该目标即被稳定跟踪。 ( )

12. PAD与本船相对矢量相交则有碰撞危险。 ( )

13. 本船真矢量与目标真矢量相交则有碰撞危险。 ( )

14. ARPA显示目标尾迹的功能可用于检查ARPA跟踪电路工作是否正常。 ( )

15. 航向向上图像指示模式的特点是本船改向时,艏线和图像一起转动。 ( )

16. 在狭水道导航时常用对水真运动。 ( )

17. 在标绘、计算及判断有无碰撞危险,采取避碰措施时用对水真运动。 ( )

18. 相对矢量显示模式是指扫描起点在荧光屏中心始终不动,目标相对本船运动。 ( )

19. 人工录取目标的优点目的性十分明确。 ( )

20. 选用真矢量模式时,本船和目标都显示真矢量,固定不动的目标不显示矢量。 ( )

21. 选用相对矢量模式时,本船和目标都显示相对矢量,固定不动的目标显示相对矢量。 ( )

22. ARPA上显示的矢量代表目标未来的运动趋势,相对矢量的长度代表目标的相对速度,方向代表目标的相对航向。 ( )

23. 采用真矢量模式时,与本船同向,同速的运动目标将不显示真矢量。 ( )

24. 采用相对矢量模式时,与本船同向,同速的运动目标将不显示相对矢量。 ( )

25. 在相对矢量显示方式中,本船矢量为零,任何目标的矢量指向本船就表示有碰撞危险。 ( )

26. 在真矢量显示方式中,本船矢量为零,任何目标的矢量指向本船就表示有碰撞危险。 ( )

27. 本船的相对矢量为零,运动目标或固定目标显示相对矢量。 ( )

28. 本船的真矢量终端与目标的真矢量终端相接则有碰撞危险。 ( )

29. 在航行中选择哪一种矢量显示模式,与运动方式有关。相对运动方式采取相对矢量显示,真运动显示方式采用真矢量显示。 ( )

30. 当改变矢量模式时,在PPI显示器可看到矢量方向改变,但矢量长度不变。 ( )

31. 当改变矢量模式时,在PPI显示器可看到矢量长度和方向都改变。 ( )

32. 目前大多数ARPA所提供的都是目标的真航迹,这种ARPA显示的目标真矢

量与尾迹的方向不同，则表示目标或本船改向了。（　）

33. 1690ARPA 采用真航迹显示，在屏上我们看到目标的相对矢量与尾迹的方向不同，说明目标改向了。（　）

34. 某 ARPA 用相对运动、相对矢量显示模式时，若荧光屏上仅有某一目标的尾迹与矢量线的方向不一致，则可说明目标船转向或变速了。（　）

35. 某 ARPA 用相对运动、真矢量显示模式，若发现屏上目标尾迹与矢量线方向不一致，则可说明本船或目标船改向或变速了。（　）

36. 某 ARPA 用相对运动、相对矢量显示模式，若本船改向或变速，则在荧光屏上可见到所有目标的尾迹与矢量线方向不一致。（　）

37. PAD 型 ARPA 不用航向试操船是因为只要本船航向避开 PAD，就能保证安全。（　）

38. 当一被跟踪目标被取消跟踪后，在 ARPA 显示上将发生目标的矢量仍显示而尾迹消失。（　）

39. ARPA 的误差与所接的传感器误差无关。（　）

40. 在 ARPA 显示屏上出现两个 PAD 重叠，则表示这两条目标船之间有碰撞危险。（　）

41. 雷达向 ARPA 提供的基本信息是目标的方位，距离及艏线信号。（　）

42. 目标船真矢量与航向不一致的原因可能是目标船转向。（　）

43. ARPA 性能标准规定，ARPA 必须有的显示方式为相对运动，北向上。（　）

44. ARPA 性能标准规定，对两种矢量显示的要求为真矢量和相对矢量可只具备一种。（　）

45. 当 ARPA 进行试操船时，必须能够不中断对已跟踪目标的跟踪。（　）

46. PAD 型 ARPA 中，当本船的艏线穿过目标船的 PAD 时，表示本船保速保向，与目标船一定碰撞。（　）

47. ARPA 1690 型开启航迹键，各被跟踪目标将显示 4 个 3 min 等时间间隔的过去真航迹点。（　）

48. IMO 规定 ARPA 具有自动捕获功能应能至少跟踪 20 个目标。（　）

49. 试操船功能必须是在北向上的显示方式进行。（　）

50. 本船速度小于 1 kn 时，不能使用试操船。（　）

51. 采用真矢量显示模式，扫描起点在荧光屏上按本船真实的航向和航速移动。（　）

52. 若来船没有 6 min 真矢量显示，而 PAD 把来船的回波和跟踪窗套住，则表示此目标静止不动。（　）

53. 现有 ARPA 跟踪能力的局限性最主要的是误跟踪和目标丢失。（　）

54. 如碰撞形势紧迫，应关闭试操船，采取果断的避让措施。（　）

55. ARPA 性能标准规定，ARPA 有效距离范围至少为 3 n mile 或 4 n mile。（　）

56．ARPA 自动录取目标的优点是自动清除不要的目标。（　　）

三、问答题

1．哪些情况会造成目标丢失？

2．简述 ARPA 跟踪能力的局限性。

3．简述使用 ARPA 时，哪些情况下需要重调罗经，该如何操作？

4．画出 ARPA 工作原理框图。

5．简述试操船的使用注意事项。

6．简述 ARPA 1690 试操船的注意事项。

7．ARPA 的传感器是什么？各传感器分别输出何种信号？

8．ARPA 数据显示屏上显示了哪些数据？

9．雷达相对运动方式中，按艏线的指向分，有哪几种显示方式？它们各有什么特点？

10. 在什么情况下，目标会被自动取消跟踪？

11. 试述采用相对矢量模式的试操船方法。

12. 简述在什么情况下，目标的相对矢量与尾迹的方向不一致。

13. 为什么在采用自动录取方式时，必须要设置限制区？

14. ARPA 的误差来源是什么？

15. 简述 ARPA 接口电路的作用。

16. 在什么情况下 ARPA 会发出工作告警？

17. 什么叫对水真运动、对地真运动？

18. ARPA 矢量所表示的意义是什么？尾迹代表什么？IMO 在 ARPA 的性能标准中关于矢量和尾迹有哪些规定？

19. ARPA 录取目标所包含的内容是什么？录取方式有几种？

答案

一、1. A　2. D　3. D　4. A　5. D　6. D　7. D　8. B　9. D　10. A　11. D　12. D　13. D　14. C　15. B　16. D　17. B　18. B　19. A　20. B　21. D　22. B　23. C　24. D　25. D　26. D　27. C　28. B　29. C　30. B　31. C　32. D　33. D　34. B　35. C　36. B　37. B　38. D　39. B　40. A　41. C　42. A　43. A　44. A　45. B　46. B　47. D　48. B　49. C　50. C　51. D　52. D　53. A　54. B　55. B　56. C　57. D　58. D　59. C　60. A　61. B　62. D　63. C　64. D　65. D　66. C　67. B　68. C　69. D　70. B　71. C　72. D　73. D　74. C　75. D　76. B　77. B　78. C　79. C　80. D　81. B　82. C　83. B　84. C　85. A　86. D　87. D　88. B　89. C　90. B　91. C　92. C　93. D　94. C　95. D　96. B　97. C　98. D　99. D　100. B　101. D　102. C　103. A　104. B　105. A　106. B　107. B　108. B　109. B　110. C　111. D　112. A　113. C　114. A　115. D　116. C　117. A　118. D　119. B　120. A　121. B　122. C　123. B　124. D　125. D

二、1. ×　2. ×　3. √　4. √　5. √　6. ×　7. √　8. √　9. ×　10. ×　11. ×　12. ×　13. ×　14. √　15. ×　16. ×　17. √　18. ×　19. √　20. √　21. ×　22. √　23. ×　24. √　25. √　26. ×　27. √　28. √　29. ×　30. ×　31. √　32. √　33. ×　34. √　35. √　36. √　37. √　38. ×　39. ×　40. ×　41. ×　42. ×　43. √　44. ×　45. √　46. ×　47. √　48. √　49. √　50. √　51. ×　52. √　53. √　54. √　55. ×　56. ×

三、1. 当目标回波信号变弱；强杂波干扰，淹没目标回波；目标大幅度机动，快速机动，目标跑出跟踪圈；雷达测量或目标跟踪出现特大误差，目标进入阴影区情况等，目标将会丢失。

2. ARPA 跟踪能力的局限性：

① 误跟踪和目标丢失，两个目标距离太近时有可能出现目标交换的现象，即产生误跟踪；另外在气候恶劣；近距离弱小回波等情况目标容易丢失。

② 跟踪精度有限，ARPA 对目标进行稳定跟踪需要时间(3 min)，目标机动后再达到稳定跟踪又要等 3 min。

③ 跟踪容量有限。跟踪或录取的目标数量受到计算机容量和速度限制。

④ 跟踪范围有限(0.25′～20′)。0.25 n mile 内的目标不能跟踪。

3. 每次开机或电源中断超过 4 分钟或方位读出器数据连续闪烁，都要重调罗经，调整方法如下：

① 将(STAND BY)键置于等待状态；

② 按(N STAB)键，将方位转到真北显示方式；

③ 按住(ALIN)键，并调节(DATA INPUT)数据输入旋钮使荧屏上方(EBL)电子方位数据显示窗所显示的数据并与罗经航向一致时放开校准键。

4. 略。

5. 试操船使用注意事项：

① 试操船的过程是人工输入试操船航向/航速，经数据处理系统的计算、判断，最终使危险警报解除，驾驶人员须根据避碰规则（允许/可能）来选择试操船速度和航向。

② 试操船仅对已跟踪目标有效。所以试操船态势也跟着改变，可能发生原来未被录取的目标，构成新的碰撞危险。因此必须及时进行补充录取。

③ 当有多个碰撞危险时，最好能选择一次让清的试操方案。

④ 在进行“试操船”时，应根据国际避碰规则，考虑到本船的操作性能，本人的操船经验以及当时当地的实际形势（如：附近是否有暗礁及水中障碍物，浅滩等）。

⑤ 由于雷达、罗经、计程仪和 ARPA 都可能存在一定误差，因此 ARPA 综合显示器上所显示的态势与实际海面上所发生的情况可能有差别，这时应及时瞭望，而不能单纯依靠仪器，盲目地依赖仪器将会导致严重后果。

6. ARPA 1690 试操船的注意事项：

① 试操船时，不能采用“船首向上”显示方式。

② 本船速度小于 1 kn 时不能使用试操船，本船速度小于 4～5 kn 时，计算数据较为粗略，只能作参考。

③ 本船航向改变量的极限等于＋179°。

④ 试操船期间不能显示过去航迹。

⑤ 如碰撞形势紧迫，应关闭试操船，采取果断的避让措施。

7. ARPA 的传感器分别是：雷达、电罗经、计程仪。

雷达送出的信号是：触发脉冲，视频回波，天线角位置，船首标志。

电罗经送出本船航向信息。

计程仪送出本船航速信息。

8. ARPA 可根据操作人员的要求随时以数据显示器上续出被跟踪目标的六种数据，即方位、距离、航向、航速、CPA、TCPA。也可以显示试操船时的各种数据。在 ARPA 自检时，用数字编号 1，2，3，…来显示故障的内容。还可以显示本船的航向、航速，预置的 CPA 和 TCPA 值，矢量的时间，报警的故障内容等。

9. 雷达相对运动方式中，按艏线的指向分，有“艏线向上图像不稳”、“北向上图像稳定”、“航向向上图像稳定”这三种显示方式。

相对运动艏线向上图像不稳的显示特点：

① 表本船位置的扫描起始是始终不动，目标做相对运动；

② 艏线始终指 0°；

③ 本船改向，图像不稳。

相对运动北向上图像稳定的显示特点：

① 本船不动，目标做相对运动；

② 0°代表正北，艏线指航向读数；

③ 本船改向，图像稳定。

相对运动航向向上图像稳定显示特点：

① 不改向时同“船首向上”，改向时同“北向上”；

② 改向后，按“新航向向上”，变向“船首向上”。

10. 具有下列情况之一的目标会被自动消除：

① 目标超过本船距离大于 20 n mile；

② 目标已驶离 CPA 3 min，而且其 TCPA 的数值显示出是负的，并已在本船的后方 10 n mile 外；

③ 被跟踪的目标变成“BAD ECHO”坏回波时。

11. 当被跟踪的目标 CPA 及 TCPA 小于所设置的安全界限时，ARPA 即发出碰撞危险报警，为避让此危险目标可通过试操船预先取得避让所需的航向或航速的数据，采用相对矢量进行试操船时，操作者首先用活动距标设置好 CPA 安全界限圆，电子方位线(EBL)指示试操船航向，转动数据输入手轮使目标相对速度矢量与 CPA 安全界限圆相切，此时 EBL 所指示的航向就是操作者所要的试操船航向。

12. ① 如果 ARPA 的尾迹采用的是真航迹，则目标的相对矢量与尾迹的方向不一致。

② 当本船或目标船改向改速时，目标的相对矢量与尾迹的方向不一致。

13. 因为 ARPA 进行自动录取带有随时性，所录取的目标可能不是航行人员感兴趣的，甚至可能录取了大片的陆地目标，致使录取目标很快满额，为此需要预先设定自动录取范围和设置限制区，所谓限制区就是拒绝录取区，设置限制区的目的就是提高自动录取的目的性和录取速度，被限制区域大多是陆地、岛屿等。

14. ARPA 的误差来源大概可分成三个方向：

① 传感器误差，即雷达、陀螺罗经和计程仪误差；

② ARPA 对雷达数据的处理不精确，选用的算法不合适以及其他软件和硬件方面的缺点；

③ 观测者对 ARPA 显示数据的错误理解、经验不足或疏忽。

15. 触发脉冲，天线角位置信号，船首信号，航向及航速信号需要进入接口电路进行信号处理或变换，使其幅度极性符合 ARPA 要求，并进一步将模拟信号变成数字信号，以适应计算机和数字电路的要求。

16. 当 ARPA 执行各种功能时，对各种工作状态、有关数据检测、判断后，发出工作报警，当发生下列情况时会发出音响及视觉警告信号。

① 当任何被跟踪目标的 CPA 和 TCPA 小于预置的安全界限时，会发出碰撞危险报警信号；

② 当任何目标闯入预置的警戒圈(区)时，会发出闯入报警信号；

③ 目标回波变坏，目标丢失报警。

17. 代表本船位置的扫描起点在荧屏上按本船真实的航向和航速移动的显示方式叫真运动雷达显示，若海区有风流，而速度输入仍是对水速度(如水压、计程仪或电磁计程仪)，航向输入仍是电罗经航向(未校正风流压)，则此时的真运动是对水(稳定)真运动，若速度输入由双轴多普勒计程仪或用人工方法(航迹校正控钮)将风、流的影响校正后，则代表本船位置的扫描起点将按实际的航向和对地实际速度移动，此时的真运动为对地(稳定)真运动。

18. 矢量预示目标未来的运动,尾迹代表目标过去的轨迹,矢量显示有相对矢量和真矢量两种,相对矢量的长度代表相对速度的大小,方向代表相对航向,真矢量的长度代表目标的真速度,方向代表目标的真航向,ARPA 性能标准规定,矢量显示是 ARPA 必备的功能,真矢量和相对矢量均须提供;尾迹显示用至少 4 个等时间间隔的点来显示跟踪目标的过去位置,这 4 个点至少相当于 8 min 时间。

19. 录取目标包括两部分内容:

① 录取目标的初始位置进而由 ARPA 实行连续自动跟踪、计算和危险判断。

② 录取目标的特征参数(如属性、尺度、重心)进而对目标进行识别,确认目标船型、大小。对于目标的 ARPA 来说,都只具有录取目标数据的功能。

录取方式有人工录取和自动录取两种。

雷达常用缩略语

缩写	英文全称	中文全称
AC	Alternating Current	交流
ACK	Acknowledge	应答
ACQ	Acquire	捕获
AIS	Automatic Identification System	船舶自动识别系统
ARPA	Automatic Radar Plotting Aids	雷达自动标绘仪
CCS	China Classification Society	中国船级社
OFF CENT	Off Centre	偏心
COG	Course Over The Ground	对地航向
CPA	Closest Point Of Approach	最近会遇点
CUP	Course-up	航向向上
DC	Direct Current	直流
DEL	Delete	删除
DIST	Distance	距离
DIRE	Direction	方位
EAV	Echo Averaging	杂波抑制
EBL	Electronic Bearing Line	电子方位线
EMP	Equipment Monitor check	设备自检
EMC	Electromagnetic Compatibility	电磁兼容
ERM	Extended Range Measurement	测距
EXPAND	ECHO stretch	展宽
F-SET	Factory Set	出厂设置
GAIN	GAIN	增益
GPS	Global Positioning System	全球定位系统
GZ	Guard Zone	警戒区

缩写	英文全称	中文全称
HDG	Heading	船首
HL	Heading Line	艏线
HL OFF	Heading Line Off	艏线关闭
H UP	Head-Up	首向上
IEC	International Electronic Committee	国际电工组织
IMO	International Marine Organization	国际海事组织
K. B	Knob	旋钮
LAT	Latitude	纬度
LIM	Limit	限制
LON	Longitude	经度
LP	Long Pulse	长脉冲
PL	Pulse Length	脉冲宽度
PORTSET	Port Set	串口设置
M. ACQ	Manual Acquire	手动捕获
M. HDG	Manual Heading	手动航向
MIN	Minutes	分钟
M. SPD	Manual Speed	手动航速
NM	Nautical Mile	海里
NT	Night	夜间
N UP	North-up	北向上
R	Relative	相对
RAIN	Rain	雨雪干扰抑制
RM	Relative Motion	相对运动
RNG	Range	量程
RR	Range Rings	固定距标圈
R VECT	Relative Vector	相对矢量
STBY	Stand By	待机
SEA	Sea	海浪干扰抑制
SOG	Speed Over The Ground	对地速度
SP(S)	Short Pulse	短脉冲
SPD	Speed	航速

缩写	英文全称	中文全称
C&M	Course and Marker	航线（该功能可以用于规划航线，标绘特殊物标）
STC	Sensitivity Time Control	灵敏时间控制
T	True	真
TCPA	Time To Closest Point Of Approach	到最近会遇点的时间
TM	True Motion	真运动
TUNESTE	Tune Set	调谐重置
TX	Transmitter	发射
T VECT	True Vector	真矢量
VECT	Vector	矢量
VECT TIME	Vector Time	矢量时间
VDR	Voyage Data Recorder	航行数据记录仪
VHF	Very High Frequency	甚高频
VRM	Variable Range Marker	可变距标圈

参考文献

[1] 王世远.航海雷达与 ARPA[M].大连:大连海事大学出版社,1998.

[2] 吴建华.自动雷达标绘仪 ARPA[M].武汉:武汉理工大学出版社,2009.

[3] 祝建国,翁建军.雷达观测与标绘[M].武汉:武汉理工大学出版社,2010.

[4] 章文俊.航海学——天文、地文、仪器[M].大连:大连海事大学出版社,2012.

[5] 中华人民共和国海事局.中华人民共和国海船船员适任考试大纲[M].大连:大连海事大学出版社,2012.

[6] 中华人民共和国海事局.中华人民共和国海船船员适任评估规范[M].大连:大连海事大学出版社,2012.